"十二五"国家重点图书出版规划项目

IET精选翻译图书

FEKO电磁仿真软件在天线分析与设计中的应用

Antenna Analysis and Design Using FEKO Electromagnetic Simulation Software

[美] Atef Z. Elsherbeni,

Payam Nayeri, C.J.Reddy 著

索莹 李伟 译

刘源 审

U0211746

哈尔滨工业大学出版社

内容提要

本书主要介绍天线设计的基本理论以及使用 FEKO 软件进行仿真与分析的实例。内容包括鞭天线、环天线、微带贴片天线及微带馈电网络、宽带偶极子天线、行波与宽带天线、非频变天线、喇叭天线、反射面天线、阵列天线等多种天线结构。

天线设计者通过本书的学习,不仅可以直观地理解常用天线的工作原理,同时可以快速地掌握天线设计工程的实际方法。为方便阅读附录中还汇集了书中的主要彩图。

本书既可作为高等院校相关专业本科生和研究生的参考书,也可供通信、雷达等相关领域工程技术人员的参考。

黑版贸审字 08-2016-041 号

Antenna Analysis and Design Using FEKO Electromagnetic Simulation Software

Original English Language Edition published by The IET, Copyright 2014, All Rights Reserved

图书在版编目(CIP)数据

FEKO 电磁仿真软件在天线分析与设计中的应用/(美)阿提夫 Z. 埃尔舍贝利 (Atef Z. Elsherbeni),(美)帕亚姆·纳耶里(Payam Nayeri),(美)C. J. 雷迪 (C. J. Reddy)著;索莹,李伟译. —哈尔滨:哈尔滨工业大学出版社,2016.11

书名原文:Antenna Analysis and Design Using FEKO Electromagnetic Simulation Software

ISBN 978-7-5603-6035-5

Ⅰ.①F…　Ⅱ.①阿…②帕…③C…④索…⑤李…　Ⅲ.①电磁场-有限元分析-应用软件　Ⅳ.①O441.4-39

中国版本图书馆 CIP 数据核字(2016)第 117982 号

电子与通信工程
图书工作室

责任编辑	张秀华
封面设计	高永利
出版发行	哈尔滨工业大学出版社
社　　址	哈尔滨市南岗区复华四道街 10 号　邮编 150006
传　　真	0451-86414749
网　　址	http://hitpress.hit.edu.cn
印　　刷	哈尔滨工大节能印刷厂
开　　本	787mm×960mm　1/16　印张 15.75　字数 290 千字
版　　次	2016 年 11 月第 1 版　2016 年 11 月第 1 次印刷
书　　号	ISBN 978-7-5603-6035-5
定　　价	58.00 元

序　言

　　一提到电磁场和天线技术,大家往往会联想到公式、符号以及大量的计算。仿真软件的出现能将这种看不见摸不着的能量传播具象地展示出来,这不仅有利于初学者直观高效地理解理论知识,更重要的是可以帮助工程从业人员快速准确地描述和解决工程问题。伴随无线通信技术的发展,各类应用蓬勃兴起,天线的规模和类型也在不断演进,对一些典型天线特性进行深入学习,掌握对其仿真分析的方法能帮助科研工作者提升天线分析与设计技能,达到事半功倍的效果。

　　FEKO 进入中国已有十五载,用户遍布航空、航天、电子、汽车、通信、船舶等领域,已经成为分析各类天线、雷达系统、微波射频及其应用中不可或缺的重要工具。FEKO 包含多种算法求解器,可针对不同类型的问题选择特定的算法组合以实现最优计算方案,为天线和系统设计师们提供精准高效的仿真数据支持,减少研发中对原型机验证过程的反复。2014 年 FEKO 被 Altair 成功收购,成为 Altair HyperWorks® 平台中的电磁解决方案,当前已发展至 14.0 版本。

　　本书原作者均为电子工程及天线领域的知名专家,具备深厚的电磁理论基础及 FEKO 应用经验,且在相关应用领域撰写和发表过多部著作和论文。本书充分结合了天线理论基础和工程应用经验,读者在学习天线知识的同时,亦可轻松掌握 FEKO 软件的基本使用方法,是一部非常实用的天线设计和仿真教程。本书译者索莹博士同样具备扎实的天线,微波理论基础及丰富的工程实战经验,其所在团队也是 FEKO 进入中国后的最早一批用户。她对原书做了通透的阅读及审视后,认为其将对国内天线设计相关专业的师生及科研人员带来极大帮助和启示,遂花费 8 个月的时间进行认真翻译和校对,最终有了中文版的成稿和出版。

相信本书能给读者带来耳目一新的天线知识学习体验,切实提升工作效率。并希望本书能激发读者在天线设计等领域的灵感,提升我国天线工作者的自主创新能力。

我们鼓励广大读者借助 FEKO 探索各种先进的天线设计和复杂电磁问题分析,同时也衷心期待大家的宝贵建议,以利于我们不断完善和提升软件功能,与大家一同进步。

刘源　博士

Altair 大中华区总经理

译者序言

《天线技术》是电磁场与电磁波专业重要的专业基础课。目前,国内关于天线基本理论和相关分析方法方面的书籍众多,为在校学生和科研人员提供了重要参考。而随着电磁仿真软件的日新月异和计算机硬件的更新换代,天线的设计越来越依靠仿真软件的辅助。本书是美国科罗拉多矿业大学 Atef Z. Elsherbeni 教授的著作,全书在内容和编写方式上有别于常见的天线类专著。他通过基本理论与仿真设计相结合的方法,为读者详细介绍了天线的基本原理、设计方法和设计步骤。

全书的仿真工作使用 FEKO 软件进行,FEKO 软件是一款强大的三维全波电磁仿真软件,包含天线与天线罩设计分析、包含载体的天线布局、雷达目标特性、环境电磁场分布、屏蔽效能、复杂线缆束以及系统电磁兼容等分析功能,广泛应用于航空、航天、船舶、电子、汽车、通信与生物电磁等行业。

本书各章节的内容及翻译分工如下:前言,第 1 章天线简介,第 2 章线偶极子和单极子天线,第 3 章环天线,第 4 章微带贴片天线,第 5 章基于微带线的馈电网络,第 6 章宽带偶极子天线,第 7 章行波与宽带天线,第 8 章非频变天线,第 9 章喇叭天线和第 10 章反射面天线由索莹完成;第 11 章由李伟完成。全书由索莹统一校阅,由刘源博士审稿。

感谢哈尔滨工业大学电子与信息工程学院邓维波教授在本书的翻译过程中给予的支持和帮助。

感谢 Altair 工程软件(上海)有限公司大中华区总经理刘源博士对本书的翻译出版给予的大力支持。

在本书的翻译过程中,尽量保持了原作者的写作风格,同时也修正了书中的一些错误。为方便阅读附录中还汇集了书中的主要彩图。

由于译者水平有限,尽管经过反复的校对,难免还存在译词不当及疏忽之处,敬请读者不吝指正。

索　莹

于哈尔滨工业大学

2016 年 5 月

目　　录

引　言

出版目的

此书是为学习天线的学生和对天线设计与研究感兴趣的研究人员,介绍著名的商业仿真电磁软件 FEKO。由于本书的初衷是辅导教程,因此主要面向天线分析与设计领域的学生,然而其中的设计实例和仿真细节也为设计工作者提供了有价值的参考。阅读本书需要具有天线理论的基础,因而对于电子、电气工程等相关专业的学生也可以将其作为补充教材,作为天线工程的入门课程。

FEKO 的使用

由于 FEKO 软件的诸多优点,本书的仿真文件都由 FEKO 软件建立。特别地,该软件提供诸多求解器供用户选择,根据天线的类型能够快速有效地进行分析。此外,FEKO 软件为大学提供免费的学生版许可证,可用来仿真本书中的绝大多数天线结构。本书演示了如何在 FEKO 软件中建立不同类型和结构的仿真模型。书中的 FEKO 项目例子文件的开发均使用 6.2 版本。

本书的关键优势

本书前 3 章提供了天线仿真的基础,给出了最简单的辐射器类型——偶极子天线和环天线的设计过程,非常的详细、易于理解和遵循。书中对理论分析和使用 FEKO 软件的全波仿真结果进行了比较,使读者能够更好地阅读理解。天线设计的理论分析过程中常出现一些限制和近似,为此本书为读者提供了有效利用天线仿真软件的基本模型。在第 4 ~ 11 章为读者提供了不同天线结构的模型,在适当的位置,给出了一些与理论求解的讨论与比较。

此外,最重要的是本书提供了天线电流分布、辐射方向图和其他辐射特性的可视化,通过这些辐射特性的可视化分析,使其成为全面理解天线辐射特性的强大教育工具。

在每章的结尾,为该章讨论的天线类型提供一组相关练习,从而帮助读者评估对该章内容的掌握情况。

错误和建议

作者欢迎读者对本书可能出现的错误进行反馈,同时,也欢迎为了提高本书现有的主题和例子给出的建议。如果可能将勘误表张贴在出版商的网站上。

第1章　天线简介

1.1　天线基础

几个世纪以来,人类一直在设计各种方法来满足远程通信的需要。早期的人们依靠声音(如鼓或号角)和视觉信号(如旗帜或烟),后者使用电磁频谱的可见区域。在19世纪早期,电磁波的发现在长距离通信领域开始了一个全新的时代。

基本通信系统的两个组成部分是发射机和接收机,对于射频(RF)通信,这两个组件可直接连接(有线通信)或间接连接(无线通信)。对于后者,发射机或接收机必须具备辐射或接收无线电波的能力,能够辐射或接收无线电波的射频装置被称为天线。天线用来实现发射端到接收端的电磁能量传输。1887年,海因里希·赫兹进行了无线通信的实验演示,采用偶极子天线和环天线分别作为发射端和接收端。1901年,古列尔莫·马可尼首次实现了横跨大西洋的长距离射频信号无线通信,如图1.1所示。

(a) 1901年波尔杜的发射机

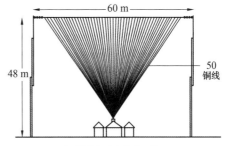

(b) 搭建的垂直扇形天线

图1.1　第一个横跨大西洋的无线通信[1]

这些年,根据不同应用产生了各种不同类型的天线,天线已经成为几乎任何通信设备的重要组成部分。总体而言,所有天线都是用来发射和接收电磁能量的,只是不同的应用需要不同的功能。天线增益是衡量天线的一个重要参数,是指在指定方向上的辐射强度与各向同性天线的辐射强度之比。对于诸如无线局域网或手机通信之类的短距离通信,天线需要较低或者中等的增益,如偶极子或贴片天线。对于诸如卫星通信或者空间通信之类的长距离通信,天线需要较高的增益,采用的典型天线为反射面或阵列天线。这种情况下,为了建立通信链路,接收天线和发射天线的直线传播是必要的。

一些商业天线在图 1.2 中给出。为了满足增益要求,天线的工作频率要通过一定的规则确定。联邦通信委员会(FCC)为商业通信和军事应用划分了确定的频段,因此,天线设计者的一个工作是将设计的天线覆盖要求的工作频段。许多天线诸如偶极子天线和贴片天线通常具有较窄的频段,因此,天线设计者面临着应用宽带技术提高天线的带宽,从而满足设计要求。

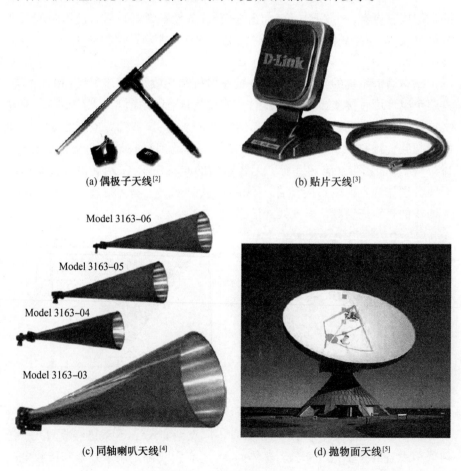

(a) 偶极子天线[2]

(b) 贴片天线[3]

Model 3163-06

Model 3163-05

Model 3163-04

Model 3163-03

(c) 同轴喇叭天线[4]

(d) 抛物面天线[5]

图 1.2　商业天线的图片

除上述考虑之外,在实际应用中,周围环境对天线的设计性能具有显著的影响。例如,手机天线往往放置在其他电子设备和金属物品附近,因此,天线设计者必须要考虑实际的环境影响。

另一种天线的前沿研究是通信网络中天线的布局。最简单的无线链路形式,即单输入单输出系统(SISO)中,一个天线用来发射信号,另一个天线用来接收信号。如今,无线通信发展到由多个天线形成的无线通信网络,该系统称为多入多出系统(MIMO),而这些天线具有一定的隔离要求,如图1.3所示。

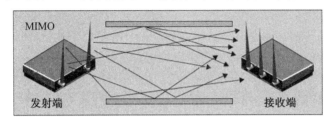

图 1.3　多入多出天线系统[6]

在本书中,我们并没有专注于传统的天线设计,而是描述了一些特别的天线范例。关注的关键在于这些例子能够恰当地理解天线辐射的机理,换句话说就是天线如何辐射,哪些因素影响它们的辐射特性。

由物理学可知,加速的电荷产生电磁波,这是由于加速的电荷产生一个从源点传输的电磁场扰动。然而在实际中,加速电荷源很难实现,但是,产生射频信号的随时间变化的电流源(相对于充电时间的导数)是可以得到的。根据麦克斯韦方程组,天线中随时间变化的电流源可以产生电磁辐射。换句话说,天线的辐射方向图是电流的一种表现形式。因此,可以通过控制电磁设备(例如天线)的时变电流来控制辐射方向图。前面的简要讨论说明,学习和理解天线时变电流特性是必要的,在本书中我们将集中在该点上,学习与理解不同形式天线的辐射机理。

1.2　关于本书

在天线工程领域,理论分析对于理解辐射机理的基础知识是至关重要的。该领域绝大多数书籍都聚焦于此(如文献[7,8]),针对这些必须的概念为读者提供深入的理解。而本书则侧重于天线仿真过程,为优化设计提供帮助。

精确解决辐射问题在天线设计中是至关重要的。虽然发射和接收射频信号的天线基本概念是已知的,但许多天线问题的精确解析求解是不可能的。根据理论分析方法,可以采用一些典型的近似方法去简化求解问题,这些方法相应地限制了求解的精度。然而,使用先进的电磁场数值方法和高效的计算软件,几乎可以精确求解天线问题。近年来,先进的软件技术显著地提高了计算能力,这个趋势还在发展,但目前已经相当成熟。相应地,几年前许多天线计算的问题在当时看起来是不可能实现的,现在在个人计算机上已经得到解决。

总之,理论求解是实际天线设计的第一步。为了得到令人满意的实际性能,天线的尺寸和其他特性需要合理的调整。本书的目的是给读者提供一本基本理论求解和实际设计范例手册有效结合的书籍。本书提供不同类型的天线研究,涵盖从诸如偶极子天线和环天线的简单结构,到诸如宽带微带贴片天线和高增益反射面天线的实际应用。这些天线设计均采用现如今广泛使用的FEKO 电磁仿真软件[9],并且尽可能地给出分析表达式。

第 2 章和第 3 章从最基本的天线形式——线偶极子和环天线开始。这两章重点介绍仿真的基本操作细节,使读者熟悉全波仿真的基本概念和要求。后续的章节将覆盖绝大多数常见的天线类型,如贴片天线、喇叭天线和反射面天线。其中第 5 章讨论基于微带线的馈电网络的基本概念,研究阻抗变换器,功率分配器和耦合器等几个例子。第 11 章描述阵列天线,将给出几种偶极子和贴片天线阵列的例子。

在每一章,都会首先讲述相关的电磁概念和基本的天线方程,如果需要,还会讨论解析解和全波仿真的比较。针对研究的任何天线结构进行全波电磁仿真,此方法的有效利用为读者不仅提供了天线设计和仿真的指导,还提供了天线辐射方向图、电流分布和其他辐射特性的可视性描述,这些对学习和实际应用都具有重要意义。

第2章 线偶极子和单极子天线

2.1 引 言

线偶极子天线是最古老最简单的,同时也是成本最低廉的天线结构。此外,半波偶极子天线也是在低增益领域应用最广泛的天线。文献[7,8]中给出了有关偶极子天线详细的辐射特性分析。简单的设计和分析使得该类型天线适合作为天线工程领域学习的起点。在本章,我们主要研究一些偶极子天线的基础,给出使用 FEKO 电磁仿真软件设计偶极子天线的详细过程[9],并演示几个例子。

2.2 电流元、短偶极子与有限长度偶极子天线

图2.1 给出了一个相对于坐标系原点对称,并沿 $x - y$ 平面法向方向(即沿 z 轴)放置的线偶极子天线和观察点 P 的几何布局。

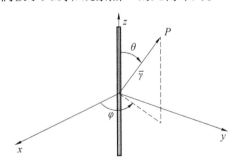

图 2.1 线偶极子天线和观察点 P 的几何布局

这里,我们假设导线由理想导电材料制成。由于导线传送电流,因此只有矢量位 A 需要求解,从而计算远场辐射方向图。文献[7]中矢量位 A 的定义为

$$A(x,y,z) = \frac{\mu}{4\pi} \int_c I_e(x',y',z') \frac{e^{-jkR}}{R} dl' \qquad (2.1)$$

式中　　x,y,z——观察点的坐标；

　　　　I_e——电流矢量；

　　　　x',y',z'——导线（源）上电流分布坐标；

　　　　R——源上任一点到观察点的距离；

　　　　k——波数。

由于电流只沿 z 方向流动，大体上可以根据导线（偶极子）的长度对方程进行进一步化简。在本章中，假定偶极子导线半径远远小于波长。如果偶极子天线采用较粗的半径，也被称为圆柱偶极子，将在后续的章节中研究。

对于一个无限短的线元，即当 $l \ll \lambda$ 时，其中 λ 是产生辐射场的波长，沿线各点的电流可视为相同（即 I_0）。因此，在远区场，线上某点到观察点的距离可近似为

$$R = \sqrt{(x-x')^2 + (y-y')^2 + (z-z')^2} \approx \sqrt{x^2 + y^2 + z^2} = r \quad (2.2)$$

根据上述近似，式（2.1）的矢量位函数可写成

$$A(x,y,z) = \hat{z} \frac{\mu I_0 l}{4\pi r} e^{-jkr} \quad (2.3)$$

通常情况下，只有当导线长度小于 $\lambda/50$ 时，导线上的电流分布才可以认为是常数。当导线长度为 $\lambda/50 \sim \lambda/10$ 时，更精确且常用的电流分布是三角形分布，其表达式为

$$I_e(x'=0,y'=0,z') = \begin{cases} \hat{z}I_0\left(1 - \dfrac{2}{l}z'\right) & (0 \leqslant z' \leqslant l/2) \\ \hat{z}I_0\left(1 + \dfrac{2}{l}z'\right) & (-l/2 \leqslant z' \leqslant 0) \end{cases} \quad (2.4)$$

相应的矢量位可化简为

$$A(x,y,z) = \frac{\mu}{4\pi}\left[\hat{z}\int_{-l/2}^{0} I_0\left(1 + \frac{2}{l}z'\right)\frac{e^{-jkR}}{R}dz' + \hat{z}\int_{0}^{l/2} I_0\left(1 - \frac{2}{l}z'\right)\frac{e^{-jkR}}{R}dz' \right]$$

$$(2.5)$$

类似地，当导线长度相对较小时，上式中的 R 可近似满足 $R \approx r$。

对于有限长度的线偶极子天线，通常导线长度大于 $\lambda/10$，导线上的电流分布可近似为正弦分布，该正弦电流分布的表达式为

$$I_e(x'=0,y'=0,z') = \begin{cases} \hat{z}I_0\sin\left[k\left(\dfrac{l}{2} - z'\right)\right] & (0 \leqslant z' \leqslant l/2) \\ \hat{z}I_0\sin\left[k\left(\dfrac{l}{2} + z'\right)\right] & (-l/2 \leqslant z' \leqslant 0) \end{cases} \quad (2.6)$$

显然针对这种电流分布,计算矢量位方程是相当复杂的。这里为了分析辐射方向图,此有限长度偶极子被分割为若干个无限短偶极子,每个短偶极子段上的电流等幅同相。计算偶极子天线辐射方向图的详细分析过程可见文献[7,8]。半波偶极子天线的电流分布和 E 面方向图如图 2.2 所示。图 2.2(a) 中,对电流分布的幅度进行归一化,其中馈电点处电流最大;图 2.2(b) 中辐射方向图的方向性系数最大值达到 2.15 dB。注意由于 H 面方向图是全向的,因此有无穷多个 E 面(即所有的垂直面)。

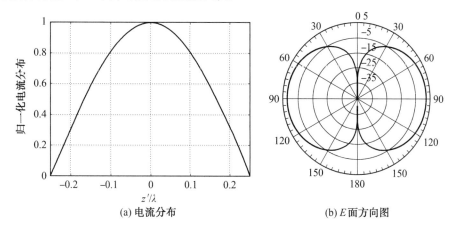

(a) 电流分布 (b) E 面方向图

图 2.2　半波偶极子天线的解析解

因此,当精确分析辐射方向图时,主要关注的是偶极子天线上的精确电流分布如何正确近似。通常,偶极子天线需要全波仿真。下一节将使用 FEKO 软件研究偶极子天线的辐射性能,并将解析近似和仿真结果的电流分布进行比较。

2.3　偶极子天线的全波仿真

2.3.1　问题的建立

为了使用 FEKO 软件仿真有限长度偶极子天线,在 CADFEKO 设计环境中建立仿真,首先需要定义如下参数

(1) freq = 300e6

(2) freq_min = 270e6

（3）freq_max = 330e6

（4）lambda = c0/freq

（5）dipole_length = 0.5

（6）dipole_radius = 0.0001

在目录树中右击 variables（变量子列）并选择"Add variable（添加变量）"创建变量，在弹出的新菜单中定义参数，"dipole_length"的参数设置演示如图 2.3 所示。

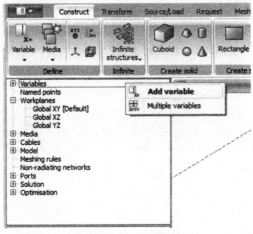

(a) 添加变量标签

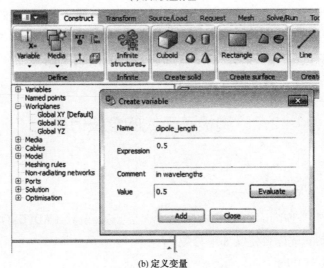

(b) 定义变量

图 2.3　在 CADFEKO 中定义变量

偶极子天线的工作频率(变量 freq)为 300 MHz,设置最低频率和最高频率(参数 freq_min 和 freq_max)实现扫频功能。偶极子的几何参数偶极子长度(变量 dipole_length)和线径(变量 dipole_radius)均是相对于波长(变量 lambda)的参数。

使用上述变量,接下来的设计过程如下:

首先,在结构菜单的创建曲线(Create curve)中,选择线段(line),该线段的起点和终点的坐标分别为(0,0,-dipole_length)和(0,0,dipole_length),如图 2.4 所示。

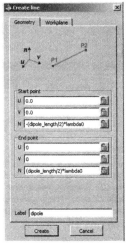

(a) 创建线菜单

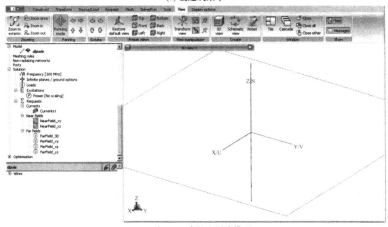

(b) 在FEKO中的金属线模型

图 2.4 在 CADFEKO 中设计线偶极子天线

　　然后,将线端口(port)定义在线段的中端,在主菜单中,右键点击端口栏并选择线端口(wire port)选项。选择线段并将端口设置在线段的中端(middle),默认幅度和相位的电压源将被添加到线端口上。为了定义电压源,可以在主菜单的计算目录(solution)下,在激励(excitations)中选择电压源(voltage source)。图 2.5 给出了为偶极子定义电压源的演示。

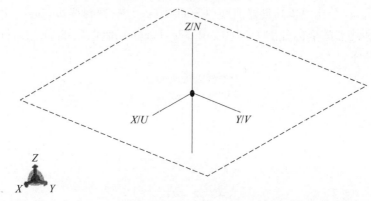

图 2.5　在 CADFEKO 中为创建的偶极子天线中间位置添加电压源激励

　　对结构进行仿真之前,我们需要定义计算频率,此处设置工作频率(freq)为 300 MHz;为了对模型进行宽带扫描,分别设置了下限频率和上限频率;另外设置了近场和远场计算,从而观察天线的辐射性能。偶极子天线的计算结构在图 2.6 中给出。

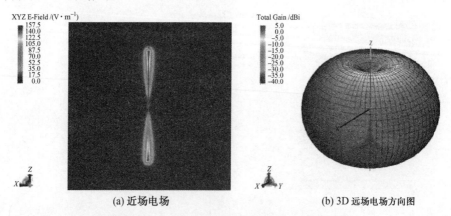

(a) 近场电场　　　　　　　　　　　　　(b) 3D 远场电场方向图

图 2.6　在 POSTFEKO 中偶极子天线的辐射特性

　　在图 2.6(a) 中给出了沿 x-z 平面的电场分布,在偶极子天线的底端得到电场的最大值。图 2.6(b) 给出了偶极子天线的增益方向图,前文讨论过水平面的辐射方向图为全向特性,垂直面的所有辐射方向图均一致,这些 2D 方向图与图 2.2(b)中的解析计算的方向图保持一致。

2.3.2　参数化研究

采用前文使用的参数设置来研究短偶极子天线的辐射特性,这里我们讨论短偶极子长度为 $\lambda/20$ 和 $\lambda/10$ 的两种情形,中心频率为 300 MHz(细虚线为 270 MHz,粗虚线为 330 MHz,下同),导线半径为 0.000 1λ。偶极子天线上中心频率点和 20% 带宽的上下限频点的电流幅度分布,如图 2.7 所示。

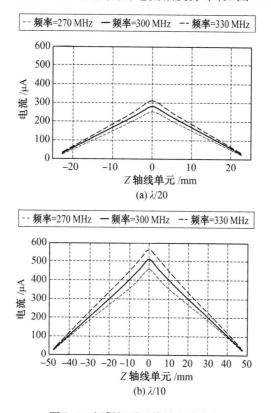

图 2.7　短偶极子天线的电流分布

与前文分析一致,短偶极子的电流为三角形分布。此外,当短偶极子天线的长度逐渐减小时,天线的电流幅度几乎单调减小。当频率变化时,三角形的电流分布保持不变,但由于电尺寸的增加(减小),电流幅度随着频率的增加(减小)而增大(减小)。

图 2.8 给出了偶极子天线相应的增益方向图,其中最大增益值为 1.77 dB。对于不同频率的设计,辐射方向图始终保持稳定。一般情况下,短的偶极子天线能得到更宽的带宽,但在应用中馈电设计的难度较大。

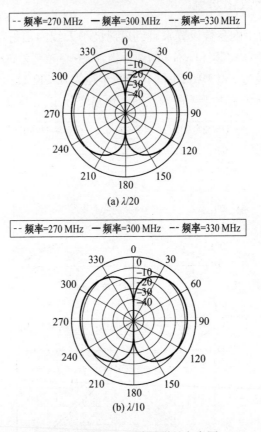

图 2.8　短偶极子天线的增益方向图

短偶极子天线的增益往往很低,因此,实际中更青睐于有限长度的偶极子天线。接下来将研究有限长度偶极子天线的辐射特性。

我们考虑四种不同长度的偶极子天线:$\lambda/4$,$\lambda/2$,$3\lambda/4$ 和 λ。与前文一致,中心频率选择 300 MHz,导线半径为 0.000 1λ,值得注意的是图标的最大刻度是 10 dB。偶极子天线在中心频率和 20% 带宽的截止频率处的电流分布,如图 2.9 所示。

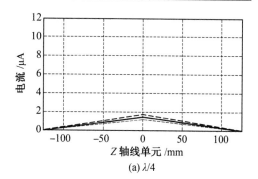

(a) λ/4

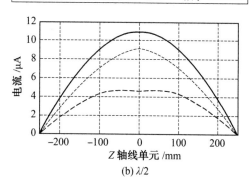

(b) λ/2

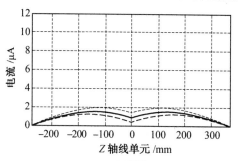

(c) 3λ/4

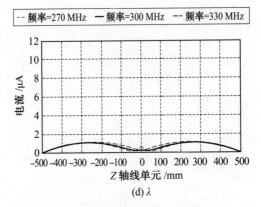

图 2.9   有限长偶极子天线的电流分布

当偶极子天线长度增加,电流由三角形分布变化为正弦分布,半波偶极子天线的电流分布为正弦曲线的半个周期。全波仿真可以得到精确的结果,为了强调这一点,采用全波仿真计算半波偶极子和全波偶极子天线的归一化电流分布,并与解析解进行比较,结果如图 2.10 所示。

虽然解析解的电流分布与全波仿真结果呈现几乎完全的一致性,但也存在一些差异。事实上,随着导线长度的增加,简化的解析解与全波仿真结果的一致性变差,通常采用全波仿真方法得到精确的分析结果。

对这些有限长度偶极子天线,随着偶极子天线长度的增加,随频率变化的电流分布结果发生显著变化,这将导致随着电尺寸的增加,辐射方向图随频率发生了更大的变化。相对应的偶极子天线的增益方向图在图 2.11 中给出,对于相对较短的偶极子天线的辐射方向图几乎是稳定的,而当 $l = \lambda$ 时,增益方向图发生了显著变化。

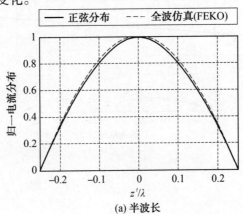

(a) 半波长

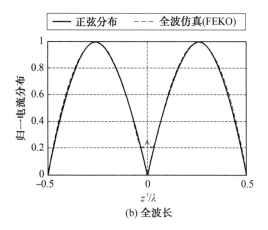

(b) 全波长

图 2.10 线偶极子天线的归一化电流分布

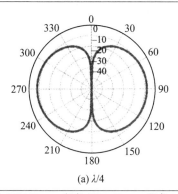

(a) λ/4

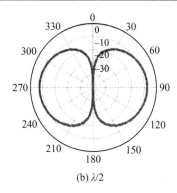

(b) λ/2

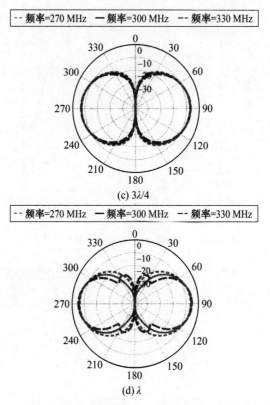

(c) $3\lambda/4$

(d) λ

图 2.11　有限长偶极子天线的增益方向图

图 2.12 给出了有限长偶极子天线的增益随频率变化的曲线,由于电尺寸的增加,天线增益随着频率的增加而提高。另外,所有的结果都显示随着频率的增加增益变大,对于大尺寸的偶极子天线,这种变化更加明显。对于 $l=\lambda$ 的情况,在 20% 带宽内,天线增益变化为 1 dB。特别需要指出的是,本书中所有的研究都认为天线在任何频率都匹配良好。

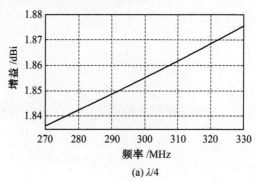

(a) $\lambda/4$

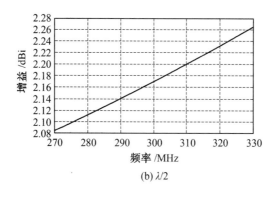

(b) $\lambda/2$

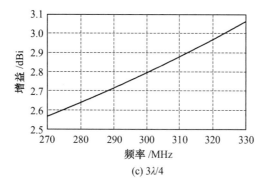

(c) $3\lambda/4$

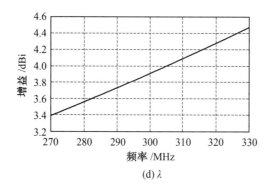

(d) λ

图 2.12　有限长偶极子天线的增益随频率变化的曲线

对于实际设计中,天线均采用 50 Ω 传输线馈电,端口的匹配显得至关重要。图 2.13 给出了天线端口阻抗的实部和虚部,结果表明,对于较小尺寸偶极子天线(如 $\lambda/4$)的阻抗特性,通常具有较小的实部和较大的虚部,而较大尺寸偶极子天线(如 $3\lambda/4$)的阻抗特性,具有较大的实部和虚部。同时,半波偶极子天线端口的阻抗具有实际意义,可通过调节偶极子天线的长度轻松获得端口匹配。

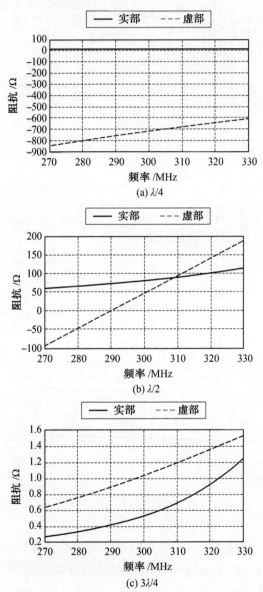

(a) $\lambda/4$

(b) $\lambda/2$

(c) $3\lambda/4$

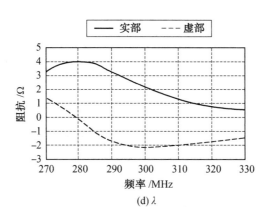

(d) λ

图 2.13 有限长偶极子天线的输入阻抗随频率变化的曲线

2.4 单极子天线的全波仿真

2.4.1 无限地板模型

将偶极子天线的上半部分放置在地板上方就建立了单极子天线,馈线接在地平面和导线底端之间,如图 2.14 所示。

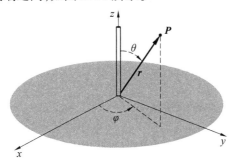

图 2.14 线单极子天线和观测点 P 的几何布局

由天线理论可知,理想地面上方的偶极子天线上半球的辐射方向图与放置在自由空间的偶极子天线的辐射方向图相同。在 FEKO 软件中仿真单极子天线的步骤与前文提到的偶极子天线的步骤几乎相同,这里我们将仿真一个特高频(UHF)单极子天线,其长度为 λ/4。为了仿真带地板的单极子天线,在计算(solution)目录中选择无限平面选项(infinite plane/ground),并将无限

PEC 地板定义在 $z=0$ 平面。当选择无限平面选项后,仅计算上半球面的辐射方向图。因此,3D 远场方向图中,θ 的取值为 $0° \sim 90°$。四分之一波长单极子天线的辐射方向图如图 2.15 所示。

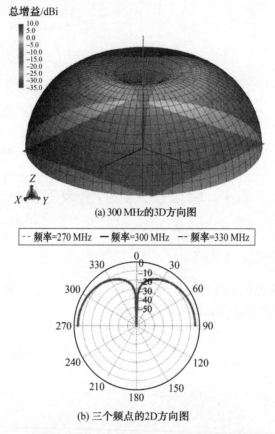

(a) 300 MHz的3D方向图

(b) 三个频点的2D方向图

图 2.15 无限地板上方四分之一波长单极子天线的辐射方向图

总体的辐射方向图形状与前文研究的半波偶极子天线是非常相似的,然而,单极子天线 5.18 dB 的最大增益比偶极子天线 2.17 dB 的最大增益高3 dB。

图 2.16(a)给出了单极子天线的电流分布,虽然电流分布的形状与前文研究的偶极子天线上半部分电流分布非常吻合,其幅度却大大提高。

天线随频率变化的输入阻抗曲线在图 2.16(b)中给出,相似地,单极子天线随频率变化的输入阻抗的变化与偶极子天线类似,取值相对较低。事实上,单极子天线的输入阻抗是偶极子天线输入阻抗的一半。

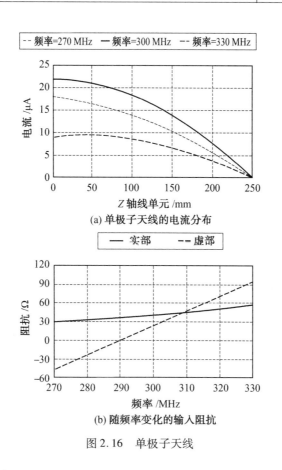

(a) 单极子天线的电流分布

(b) 随频率变化的输入阻抗

图 2.16 单极子天线

2.4.2 有限地板模型

上文讨论的单极子天线均放置在理论上无限大地板上方,但在实际应用中,地板的尺寸往往是有限的,这一点将影响单极子天线的辐射特性。这里我们研究相同的四分之一波长单极子天线,将其放置在有限圆形地板上方。为了在 FEKO 软件中建立地板模型,创建一个半径为 2.5λ 的圆盘(ellipse),并选中该圆盘的面(face),设置其为 PEC。为了有效的执行有限地板天线的仿真工作,选择 FEKO 软件中的物理光学法(physical optics,PO)选项,在计算(solution)目录下的物理光学法–全射线追踪(PO–full ray-tracing)。然后同时选中单极子天线和圆盘,并将二者合并。有限地板单极子天线沿地板的电流分布在图 2.17(a)中给出,图 2.17(b)中给出电流分布等值线的俯视图。

(a) FEKO中3D模型

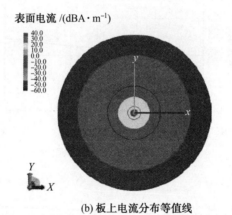

(b) 板上电流分布等值线

图 2.17   无限地板上方四分之一波长单极子天线

与预期的一致,电流主要集中在地板的中心,因此,这种有限地板单极子天线的电流分布和输入阻抗与前文研究的无限地板的情况相似。单极子天线上的电流分布和输入阻抗随频率变化的曲线在图 2.18 中给出。

有限地板上的单极子天线上的电流分布和输入阻抗(图 2.18)与无限地板(图 2.16)的情况非常一致。但辐射方向图如何呢?四分之一波长单极子天线的辐射方向图在图 2.19 中给出。

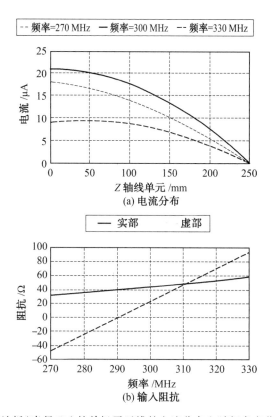

(a) 电流分布

(b) 输入阻抗

图 2.18 带地板(半径 5λ)的单极子天线的电流分布和随频率变化的输入阻抗

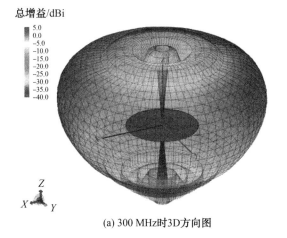

(a) 300 MHz时3D方向图

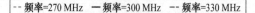

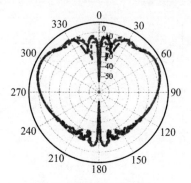

(b) 三个频点的2D方向图

图 2.19　带地板(半径 5λ)的 1/4 波长单极子天线的辐射方向图

　　此时的方向图形状与无限大地板模型的方向图形状(图 2.12)是吻合的，由于地板边缘的衍射，辐射方向图有轻微的扭曲。尽管如此，峰值增益与无限大地板情形几乎相同。对于带有限地板的单极子天线，通常只要地板的尺寸不是非常小(边缘到边缘的距离大于一个波长)，有限大和无限大地板情形的主要区别仅在于辐射方向图形状的微小扭曲。

　　我们仍然研究地板形状对辐射方向图的影响。将尺寸为 5λ×5λ 的正方形地板上方放置与上文相同的单极子天线，该天线的辐射方向图在图 2.20 中给出。这时可以得到几乎与上文相同的方向图，然而，方形地板衍射的存在导致了非对称的辐射方向图。

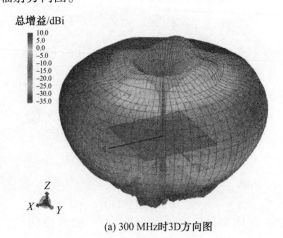

(a) 300 MHz时3D方向图

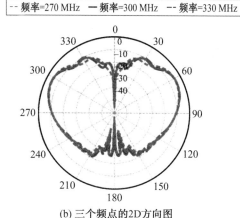

(b) 三个频点的2D方向图

图 2.20　带方形地板(5λ×5λ)的四分之一波长单极子天线的辐射方向图

2.5　偶极子天线和无线功率传输

根据前面章节的讨论,实际应用中天线采用 50 Ω 传输线馈电,因此端口的匹配在设计中是至关重要的。同时,偶极子长度需要精确调整从而获得中心频率处的最佳匹配。本节中,我们首先设计一个特高频(UHF)偶极子天线,工作频率为 300 MHz;然后研究使用这类偶极子天线的无线功率传输。

为了调整谐振频率,偶极子天线的长度采用参数化建模,取值范围从 0.48λ 到 0.49λ,则最优值为 0.4823λ;这里偶极子天线的半径为 0.000 1λ;50 Ω 的端口上分配 0.1 W 的入射功率。则得到 250 MHz 到 350 MHz 频带内天线的反射系数和增益曲线,结果如图 2.21 所示。

天线在 300 MHz 时匹配良好,阻抗带宽($|S_{11}| < -10$ dB)大约 15 MHz。需要强调的是由于 −3 dB 的增益带宽很宽(约 55 MHz),对于无线功率转换器的主要关注点转移到发射机和接收机的反射损耗带宽。

为了研究无线功率传输,考虑两个偶极子天线单元放置在距离为 d 的两个点,均采用沿 z 轴放置,从而理论上消除极化失配。图 2.22 给出了在 CADFEKO 中仿真的几何结构。图 2.23 为 $d=\lambda$ 和 $d=5\lambda$ 两种距离情况下接收天线的接收功率。对于两种情况的全波仿真结果与使用 Friis 传输线方程的解析解[7,8]进行比较,当两个天线距离较近时,两种结果出现差异,这是因为当两个天线不在对方的远区场范围时,天线间的互耦效应将不能被忽略,此时

Friss 方程将不再精确。总之,随着两个天线的间距的增加,解析解和仿真结果的一致性提高;当 $d=5\lambda$ 时,几乎可以得到完美的一致。

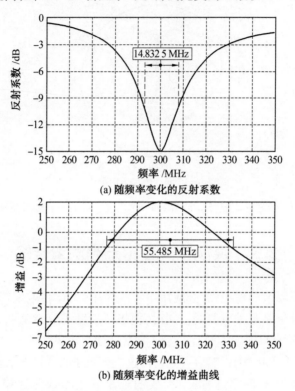

(a) 随频率变化的反射系数

(b) 随频率变化的增益曲线

图 2.21 偶极子天线随频率变化的反射系数和增益曲线

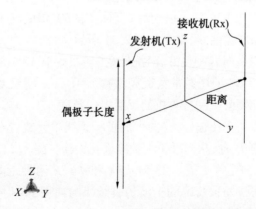

图 2.22 两个偶极子天线实现无线功率传输的结构

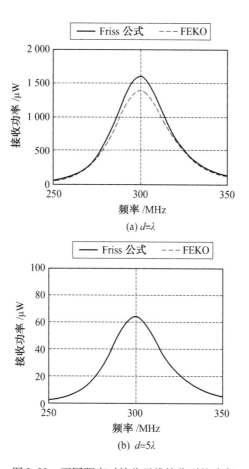

(a) $d=\lambda$

(b) $d=5\lambda$

图 2.23 不同距离时接收天线接收到的功率

2.6 PEC 地板上的偶极子天线

到目前为止,我们讨论的都是无限媒质中的偶极子天线的辐射特性。通常情况下,障碍物的存在,特别是在辐射单元附近时,将会彻底改变天线系统的辐射特性。一个非常有趣的结构就是当偶极子天线放置在无限大理想电导体(PEC)地板平面上,将采用镜像法对其进行理论分析[7,8]。

这里我们研究两种情况,即将半波偶极子垂直和水平地放置在无限大PEC 地板上方,图 2.24 给出两种情况下的几何结构。偶极子的中心距离地板一个波长,另外偶极子到地板的距离对天线的影响将留给读者做练习。首先我们观察针对上述两种结构导线上的电流分布,图 2.25 给出了 300 MHz 中心频率和两个截止频率时的电流分布情况。

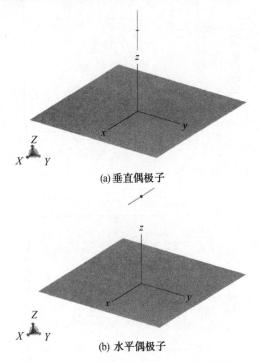

(a) 垂直偶极子

(b) 水平偶极子

图 2.24　地板上方放置偶极子天线的几何结构

虽然两种结构的电流分布略有区别,大体上的电流形状是几乎一致的,然而方向图却截然不同。垂直偶极子天线的所有垂直面的辐射方向图都是一样的,而水平偶极子天线则不然。图 2.26 给出垂直偶极子天线的垂直面辐射方向图。

与图 2.11 所示的自由空间偶极子天线相比,垂直放置的偶极子天线方向图形式发生了显著的变化,在侧向上仍能看到一个零值,在不同仰角上也能看到几个其他的零点,而这些零点的产生是由于镜像源的存在[7]。注意如果偶极子天线到地板的垂直距离发生变化,侧向上的零点始终存在,而其他零点的位置将发生变化。

接下来研究水平放置的偶极子天线,图 2.27 给出 x-z 平面和 y-z 平面两个垂直面的辐射方向图。虽然偶极子天线沿 x 轴放置,但在侧向上仍然有零点。而在截止频率,侧向的零点位置发生了移动。将在第 11 章进行更详细的讨论。

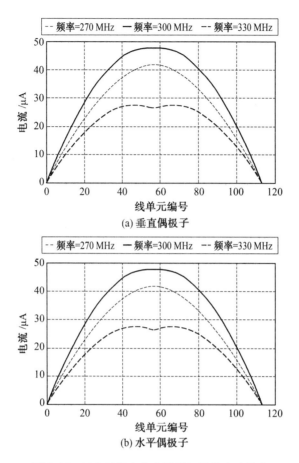

图 2.25 PEC 地板上方半波偶极子的电流分布

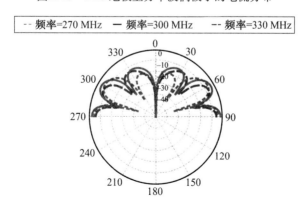

图 2.26 PEC 地板上方垂直半波偶极子的辐射方向图

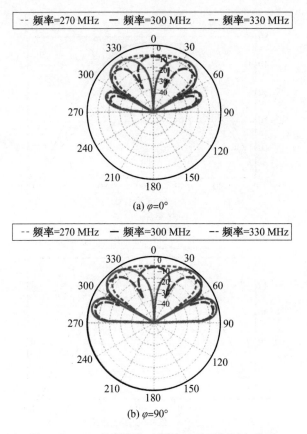

图 2.27　PEC 地板上方水平半波阵子辐射方向图

2.7　靠近 PEC 圆柱的偶极子天线

　　在许多实际应用中,天线会受到周围环境物体的影响,使得辐射方向图发生畸变。因此,本节将研究第 5 节中 UHF 偶极子天线放置在有限长度 PEC 圆柱体附近时的辐射特性。该问题的几何模型在图 2.28 中给出。

　　圆柱体的底边半径为 0.5λ,高度为 2λ,将其平行放置在偶极子天线附近,圆柱的中心到坐标系的距离为 λ,因此圆柱到偶极子天线最近的距离为 0.5λ。图 2.29 给出了柱体表面的电流分布,大型散射物体的存在使得偶极子天线的辐射方向图发生畸变,其辐射方向图如图 2.30 所示。

　　可以观测到偶极子天线的方向图形状发生了显著变化,偶极子天线的峰

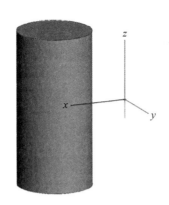

图 2.28 PEC 圆柱附近的偶极子天线

表面电流 /(mA·m⁻¹)

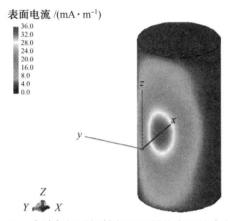

图 2.29 半波偶极子辐射在 PEC 圆柱表面的感应电流

总增益

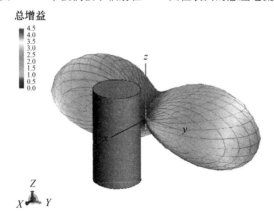

图 2.30 靠近 PEC 圆柱的半波偶极子辐射方向图

值增益也增加了许多,这是由于当设计参数选择合适时,圆柱体可以等效为一个反射器。更多的有关反射面天线的设计讨论将在后续的章节中给出。

2.8 靠近 PEC 球体的偶极子天线

与前面章节相似,依然采用第 5 节的 UHF 偶极子天线模型,本节研究放置在 PEC 球体附近的偶极子天线的辐射特性。图 2.31 给出了研究问题的几何模型。

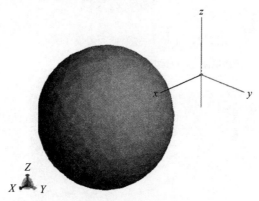

图 2.31 PEC 球体附近的偶极子天线

图中球体的半径为 0.5λ,其中心到坐标原点的距离为 λ;换句话说,球体表面到偶极子天线的最短距离为 0.5λ。在本例中,我们对 PEC 球体采用物理光学法求解。图 2.32 给出了球体表面的电流分布。请注意本例与前文例子在计算时间上的差别。

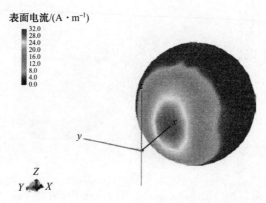

图 2.32 半波偶极子辐射在 PEC 球体表面的感应电流

由于 PEC 球体的存在,偶极子天线的辐射方向图将发生畸变,其结果在图 2.33 中给出。

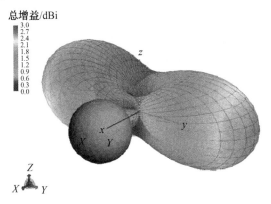

图 2.33　靠近 PEC 球体的半波偶极子辐射方向图

比较上述几种放置在不同障碍物附近的偶极子天线增益值的变化是非常有趣的。在上述几节不同结构的研究中,获得最大增益的情况是将偶极子天线水平放置在无限大 PEC 地板上方,这种情况下峰值增益约为4.6 dB。对于大圆柱体例子,峰值增益也约为 4.5 dB,球体结构例子的增益最低,约 3 dB。尽管如此,所有三种结构可获得的增益均大于自由空间孤立的偶极子天线(2.15 dB),这是因为障碍物等效为一个反射器,可以增加辐射单元的增益,相关的偶极子馈电反射面天线的详细讨论将在第 11 章中给出。

2.9　靠近介质球的偶极子天线

在前文讨论的例子中,我们研究偶极子天线的辐射特性,均是放置在金属物体附近。然而,在许多实际应用中,天线被放置在介质物体附近。一个很好的例子是在使用手持设备时,此类设备通常在人体头部附近操作。

通常将人体头部建成多层介质球,用来模拟大脑、颅骨和皮肤。但在本例的研究中,我们考虑只有一层的模型,材料选择相对介电常数为 56.8(人体大脑的介电常数)的模型,将其放在 900 MHz 半波偶极子天线附近。球的半径为 5 cm,球中心距离半波偶极子天线的距离为 7 cm,即球的外边界到天线的距离为 2 cm。该问题的几何模型如图 2.34 所示。我们采用 FEKO 软件的默认求解器,选择矩量法(MOM)和多层快速多极子方法(MLFMM)的表面等效原则(SEP),但其他求解器选项也是可以选择的。

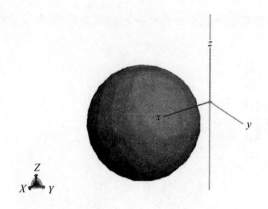

图 2.34　介质球体附近的偶极子天线

图 2.35 给出了球体内部的电场幅度分布,在本例中,球体内部某些区域存在很强的电场分布。事实上,暴露在电磁场中的脑组织能够引起许多潜在的不利于健康的影响[10,11]。

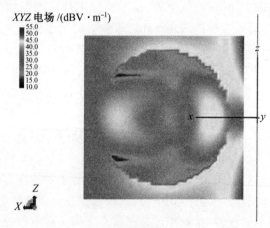

图 2.35　介质球内部的电场幅度

头部对这些天线设备的辐射性能的影响是一个引起广泛兴趣的研究领域[10],偶极子天线的辐射方向图如图 2.36 所示。

与孤立的偶极子天线相比,本例中的偶极子天线的辐射方向图发生了很大的畸变,并且很大的辐射功率穿过了该球体。

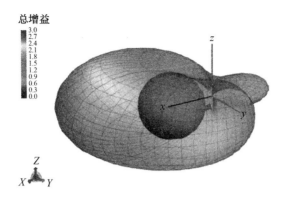

图 2.36 靠近介质球体的半波偶极子辐射方向图

2.10 准对数周期偶极子天线

偶极子天线的带宽相对较窄,例如,前面章节研究的 UHF 偶极子天线仿真显示阻抗带宽小于 15 MHz。为了改善偶极子天线的带宽,一种方法是使用集总元件去改善匹配。然而,在许多情况下,这种做法是不现实的,通常采用导线去模拟集总元件[12]。传统偶极子天线和准对数周期天线的几何结构如图2.37 所示。

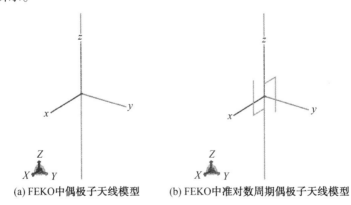

(a) FEKO中偶极子天线模型 (b) FEKO中准对数周期偶极子天线模型

图 2.37 传统偶极子天线和准对数周期天线的几何结构图

在本节的准对数周期天线设计中,两个互耦的短截线对称地连接在初始的偶极子天线上。它们将产生更多的谐振从而抵消偶极子天线阻抗的无功部分从而展宽带宽。图 2.38 给出了这两种偶极子天线的阻抗结果。

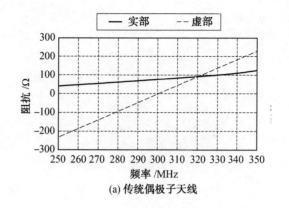

(a) 传统偶极子天线

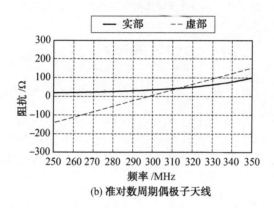

(b) 准对数周期偶极子天线

图 2.38　随频率变化的阻抗特性

　　事实上,这些额外短截线的存在有效地降低了偶极子天线阻抗的虚部,这将相应地增加天线的带宽。图 2.39 给出了天线的增益和 $|S_{11}|$ 参数。

　　把这些结果与常规的偶极子天线进行比较,表明此设计确实能够展宽偶极子天线的带宽,准对数周期天线的反射损耗带宽几乎提高到 18 MHz。两种偶极子天线在 300 MHz 的辐射方向图如图 2.40 所示。

　　准对数周期天线设计得到的方向图与普通偶极子天线非常相似,也为全向辐射。由于短截线沿 x 轴放置,辐射方向图有轻微的不对称性,这一点可以通过添加额外的短截线予以修正。两个四臂结构的几何模型如图 2.41 所示,这两种结构的分析将留给读者去练习。

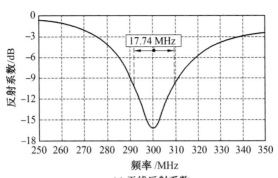

(a) 天线反射系数

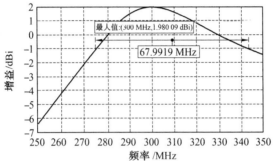

(b) 随频率变化的天线增益

图 2.39 准对数周期偶极子特性

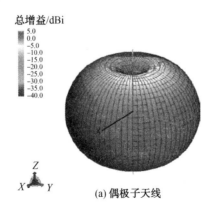

(a) 偶极子天线

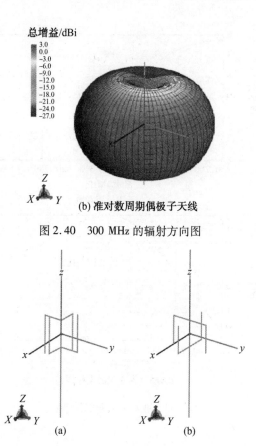

(b) 准对数周期偶极子天线

图 2.40 300 MHz 的辐射方向图

(a)   (b)

图 2.41 四臂准对数周期偶极子天线的几何模型

习　　题

（1）馈电位置的影响

设计一个偏离中心点馈电的半波长偶极子天线。注意，对于传统的天线设计，馈电点选择导线的中心位置，这样导线上能够得到对称的电流分布。这里研究选择馈电点距离天线底部为 $\lambda/8$ 和 $\lambda/16$，在中心频率处与中心馈电的偶极子天线比较导线上的电流分布和辐射方向图，画出两种结构随频率变化的输入阻抗特性曲线，讨论计算结果。

（2）PEC 地板距离的影响

设计一个半波长偶极子天线垂直地放置在 $z=0$ 平面上方，如图 2.42（a）

所示。偶极子天线的中心坐标为 $z=d$。使用第 6 节的无限大地板模型,计算偶极子天线的辐射方向图。研究当 d 取值从 $\lambda/2$ 到 2λ 时,地板对偶极子天线辐射特性的影响,同时与偶极子天线放置在自由空间时天线特性进行比较。将天线与地板平行放置时,如图 2.42(b)重复上述练习。

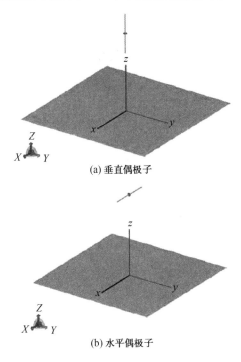

(a) 垂直偶极子

(b) 水平偶极子

图 2.42　无限大地板上方的偶极子天线

（3）偶极子和单极子

使用无限大地板模型,分别计算长度为 $\lambda/8$,$\lambda/4$,$\lambda/2$ 和 λ 时,单极子天线的输入阻抗和增益特性,中心频率选择 300 MHz。与长度为其 2 倍的偶极子天线(图 2.10 和 2.11)比较计算结果。比较单极子天线和 2 倍长度的偶极子天线间输入阻抗和增益的关系。

（4）无线功率传输

重复第 5 节的研究,使用两个单极子天线放置在无限大地板上方的情况,与偶极子天线情况进行比较,研究端口处的接收功率是否增加,并解释原因。

（5）靠近 PEC 圆盘的偶极子天线

建立直径为 5λ 的 PEC 圆盘,采用 PO 算法求解圆盘。其次将半波偶极子天线平行放置在圆盘附近，距离为 d。图 2.43 给出了在 CADFEKO 中的几何结构。当 d 取值从 λ 到 5λ 时，观察天线增益方向图的变化。与自由空间偶极子天线相比，该模型是否能够得到更高的增益，当距离为何值时天线达到最大增益。

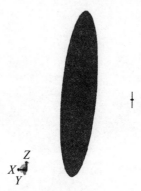

图 2.43　与 PEC 圆盘平行放置的偶极子天线

第3章 环天线

3.1 引 言

本章介绍另一种基本的天线结构:环天线。这种天线结构简单,价格低廉,并且用途广泛。环天线具有许多种不同的形式,如矩形环、正方形环、三角形环、椭圆形环和圆形环等。由于分析和建模都很方便,圆环天线得到广泛关注,成为最常用的形式。在本章中,周围环境因素对环天线电流分布和辐射特性的影响将通过若干例子给出。

3.2 小环天线和大环天线

环天线通常被分为两大类:电小环和电大环天线。通常,电小环天线的总长度(周长)小于十分之一波长(即 $C<\lambda/10$)。电小环天线可以等效为轴线垂直于环天线平面的磁基本振子。也就是说,圆形的或者方形的电小环天线的辐射场具有相同的数学形式,这是由于它们都等效为磁基本振子。圆周周长是电小尺寸的环天线的辐射电阻很低,通常小于它的损耗电阻。因此,它们辐射能力较差,很少用来当作无线通信的发射器。当选用此类天线时,通常将其作为接收端,如收音机或传呼机,即与信噪比相比,天线的效率不太重要的场合。同时,此类天线也常用作场强测量的探针或无线电导航的方向性天线。对于电小环天线,无论是圆形的、椭圆形的、矩形的或者正方形的,均与电基本振子相似,其场方向图均与环平面平行,且最大值穿过环所在平面。

环天线的另一大类,电大环天线的周长大于等于自由空间波长(即 $C \geqslant \lambda$)。由于环天线的整体长度增加并且周长接近自由空间波长,最大辐射方向由环平面移动到与环垂直的轴线上。环天线可通过增加周长和圈数提高辐射电阻,并可与实际的传输线相比较。电大环天线主要用于定向阵列,如螺旋天线、八木阵列、四元阵列(见第7章)。对于上述或者其他相似的应用,最大辐射方向沿着环的轴向,从而形成端射天线。为了实现这种定向的方向图特性,环的周长应该约等于自由空间的波长,环之间的相位叠加增强了整体的定向特性。

环天线可以用来独立使用,或应用在阵列结构中。环天线单元的安装位置和阵列的结构将决定其方向图和辐射特性。大多数环天线应用在高频(HF:3 ~ 30 MHz)、甚高频(VHF:30 ~ 300 MHz)、特高频(UHF:300 ~ 3 000 MHz)波段。然而,当作为场区的探针使用时,甚至可以在微波频段使用。图 3.1 给出了以坐标原点为中心放置的环天线,其法向方向为 z 轴。

为了计算环天线的辐射场,我们采用第 2 章线偶极子天线相同的分析步骤。使用公式(2.1)确定矢量位函数 A 从而计算远场方向图。然而,与前文一样,面临的困难是为导线上的电流分布建立实际的数学模型。在简化的解析模型中,假定环上的电流为常数(即 I_0)。对于电小环天线,这种简化近似是有效的,但不适用于电大环天线,本章节稍后将给出相关讨论。这里简要概述均匀同向电流分布的电小环天线方向图的计算过程,电大环天线的分析方法读者可参考文献[7]获得。

如图 3.1 放置的小环天线,文献[7]给出的矢量位函数的 φ 分量为

$$A_{\varphi} = \frac{a\mu I_0}{4\pi} \int_0^{2\pi} \cos \varphi' \frac{e^{-jk\sqrt{r^2+a^2-2ar\sin\theta\cos\varphi'}}}{\sqrt{r^2 + a^2 - 2ar\sin\theta\cos\varphi'}} \mathrm{d}\varphi' \quad (3.1)$$

式中　　a—— 环天线的半径;

　　　　μ—— 周围环境的磁导率。

上述方程中的积分是难以解析求解的,但可通过只考虑积分式中马克劳林序列的前两项进行简化。当矢量位函数求解后,即可如文献[7,8]描述的计算辐射方向图。

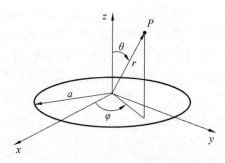

图 3.1　环天线和观测点 P 的几何结构

3.3 圆环天线

3.3.1 问题的建立

为了使用 FEKO 软件仿真圆环天线,在 CADFEKO 设计环境中建立仿真模型,首先需要定义如下变量:

(1) freq = 300e6

(2) freq_min = 270e6

(3) freq_max = 330e6

(4) lambda = c0/freq

(5) loop_C = 0.1

(6) wire_radius = 0.0001

图 3.2 给出设置变量的演示,环天线的工作频率(变量 freq)为 300 MHz,设置最低频率和最高频率(参数 freq_min 和 freq_max)实现扫频功能。环的几何参数,即环的周长(loop_C)和导线半径(wire_radius)均是相对于波长(lambda)的参数。

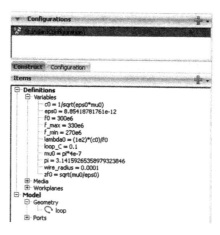

图 3.2 仿真中的变量设置

使用上述变量,设计过程如下:

首先,在结构菜单的创建曲线(Create curve)中,选择椭圆弧(Elliptic

arc),创建圆环的中心坐标为(0,0,0),环的半径为 loop_C/(2 * pi),截图如图 3.3 所示。

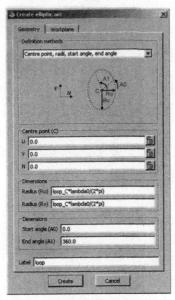

(a) 创建椭圆选项

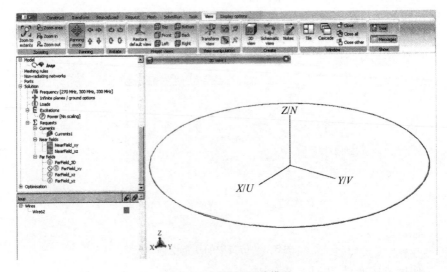

(b) FEKO 中的圆环天线模型

图 3.3　在 CADFEKO 中设计圆环天线

与偶极子的例子相似,接下来需要定义导线端口,因此需要选择导线端口的位置。这里选择起始点,其坐标为 $x=a,y=0,z=0$,由图 3.4 给出演示。

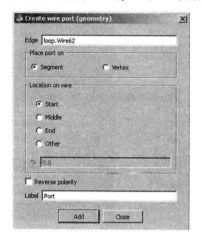

图 3.4　在 CADFEKO 中创建圆环天线的端口

在导线端口上添加电压源,使用默认的电压幅度和相位值。沿馈电端口的几何结构图如图 3.5 所示。

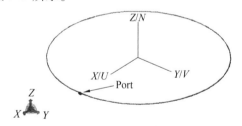

图 3.5　在 CADFEKO 中的圆环天线几何结构

对结构进行仿真之前,需要定义计算频率,此处我们设置工作频率(freq)为 300 MHz。为了对模型进行宽带扫描,分别设置了下限频率和上限频率。另外,通过设置近场和远场的计算,从而观察天线的辐射性能,圆环天线的计算结果在图 3.6 中给出。

对于周长大于一个波长的电大圆环天线,由于电流分布的不对称性,方向图并非完全对称,有关电大环天线上详细的电流分布将在下一节讨论。

3.3.2　参数研究

采用前文使用的参数设置来研究电小圆环天线的辐射特性,这里我们讨

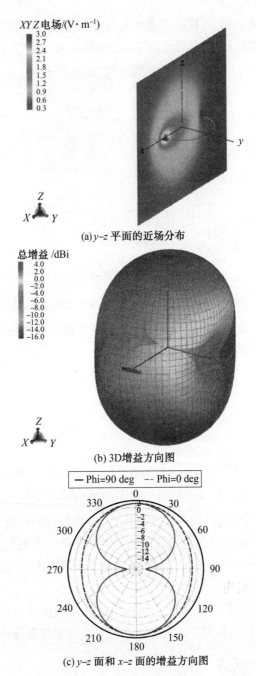

XYZ电场/(V·m^{-1})

(a) y–z 平面的近场分布

总增益 /dBi

(b) 3D增益方向图

(c) y–z 面和 x–z 面的增益方向图

图 3.6　在 POSTFEKO 中圆环天线的辐射特性

论电小环天线的周长分别为 λ/20 和 λ/10 的两种情形。其中心频率为 300 MHz,导线选择理想电导体(PEC),半径为 0.000 1λ。电小环天线上中心频率点和20%带宽的上下限频点,沿导线段的电流幅度分布如图 3.7 所示。

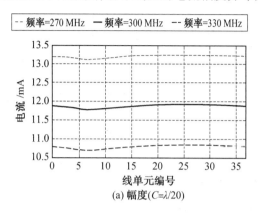

(a) 幅度($C=\lambda/20$)

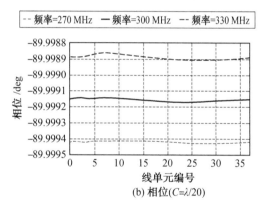

(b) 相位($C=\lambda/20$)

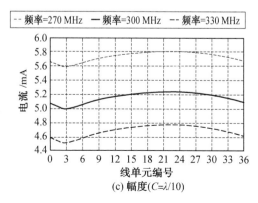

(c) 幅度($C=\lambda/10$)

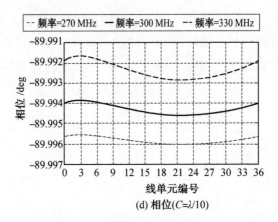

(d) 相位($C=\lambda/10$)

图 3.7　电小圆环天线的电流分布

对于电小圆环天线,导线上的电流幅度几乎为常数,然而,越小的环上的电流与相对较大环相比变化越小。事实上,当环路的尺寸增加,馈电点的对面将形成一个零点;当频率在 20% 带宽内,电流分布仍然维持原有形状,但幅度随着频率的增加(减小)而减小(增加)。

圆环天线的增益方向图如图 3.8 所示,两种设计模型的辐射方向图几乎一致。通常,小环天线能够得到较大的带宽,但实际上面临的挑战是馈电的设计。此外,环天线得到的辐射方向图与偶极子天线非常相似。这里需要指出的是小环天线的方向图是轴对称的。

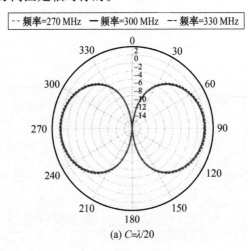

(a) $C=\lambda/20$

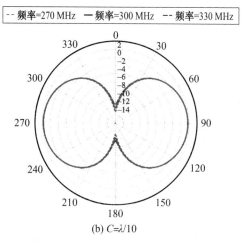

(b) $C=\lambda/10$

图 3.8　电小圆环天线的增益方向图

如前讨论,电小圆环天线产生的增益很低,所以实际中更倾向于电大圆环天线。这里我们研究四种周长的电大圆环天线的辐射特性,即 $\lambda/2$,λ,$3\lambda/2$ 和 2λ。设计频率依然是 300 MHz,导线半径为 $0.000\,1\lambda$。中心频率点和20% 带宽的截止频率点的电流分布如图 3.9 所示。

随着周长的增加,电小圆环天线的电流分布几乎不变,由变化为非对称的正弦分布。此外,导线上电流的相位发生了显著的变化,从解析的角度,假定电大圆环天线上电流为常数的简化近似的经典方法[7,8]将会带来较大的误差,电流分布的高阶近似可以提高结果的精度。并且,通常情况下环天线的解析方程比偶极子天线的要复杂得多,因此,在通常情况下为了得到精确的分析,要求使用全波方法计算。

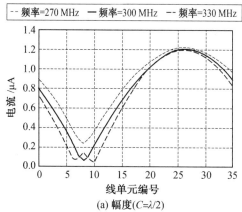

(a) 幅度($C=\lambda/2$)

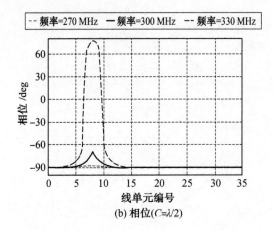

(b) 相位($C=\lambda/2$)

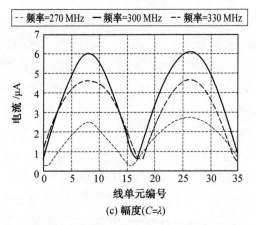

(c) 幅度($C=\lambda$)

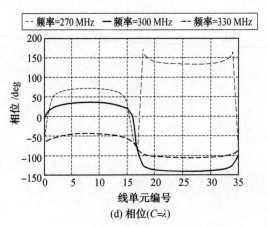

(d) 相位($C=\lambda$)

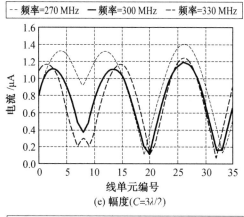

(e) 幅度(C=3λ/2)

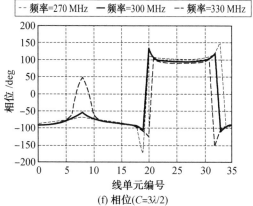

(f) 相位(C=3λ/2)

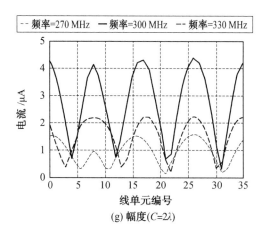

(g) 幅度(C=2λ)

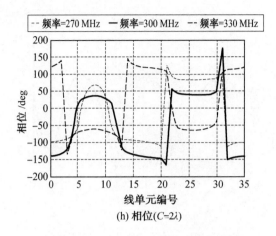

(h) 相位(C=2λ)

图 3.9　电大圆环天线的电流分布

　　比较现有四种尺寸的环天线的电流,结果表明四种情况的导线上都会产生零点,但零点的位置依赖于环的尺寸。当环的周长为 0.5λ 和 1.5λ 时,电流分布是不对称的,因此主波束方向是倾斜的。另一方面,当环的周长为 λ 和 2λ 时,电流分布几乎是对称的,从而导致更适用的辐射特性。对于电大圆环天线,频率的变化将导致电流分布产生显著的变化,也就是说,电大圆环天线的辐射方向图随频率变化很快,因此限制了带宽。电大圆环天线的增益方向图随不同频率变化显著,其结果在图 3.10 中给出。

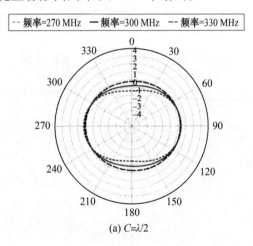

(a) C=λ/2

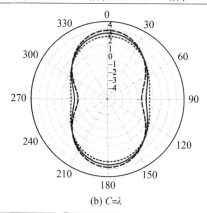

(b) $C=\lambda$

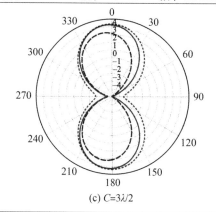

(c) $C=3\lambda/2$

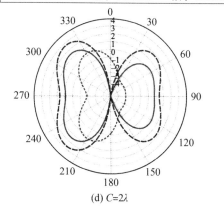

(d) $C=2\lambda$

图 3.10 环天线的增益方向图

与偶极子天线不同,环天线的主波束方向是环尺寸的函数。因此,比较不同频率环天线的增益是毫无意义的。对于实际的设计,通常采用 50 Ω 传输线馈电,因此端口处的匹配成为了主要的问题。天线端口阻抗的实部和虚部均在图 3.11 中给出。这些结果表明,当环的周长为 0.5λ 和 1.5λ 时,阻抗的实部和虚部值都很大,使得这类天线不符合实际要求。另一方面,当环的周长为 λ 或 2λ 时的性能非常实用。但一个重要的缺点是,阻抗的虚部随频率增长很快,因此本质上讲,尽管天线的实部几乎不随频率变化,但环天线具有一个非常窄的带宽。

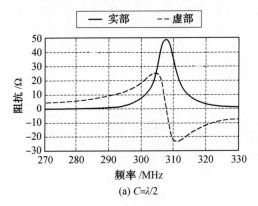

(a) $C=\lambda/2$

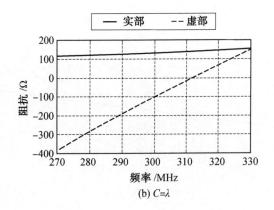

(b) $C=\lambda$

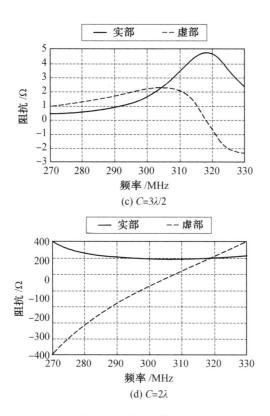

图 3.11 电大圆环天线随频率变化的阻抗特性

3.4 方环天线

3.4.1 问题的建立

与圆环天线相似,对于方环天线首先在 CADFEKO 设计环境中建立模型,定义如下变量:

（1）freq = 300e6

（2）freq_min = 270e6

（3）freq_max = 330e6

（4）lambda = c0/freq

（5）loop_circumference = 0.5

（6）wire_radius = 0.0001

使用上述变量，设计过程如下：

首先创建一个 5 个点的折线（polyline）组成方形，第 5 个点就是初始点，但有必要重新定义从而形成闭合回路，导线选择 PEC；接下来定义导线的中心为线端口，使用默认的电压幅度和相位为导线端口添加电压源。几何结构如图 3.12 所示，端口在 x 轴与一个环臂的交点上。

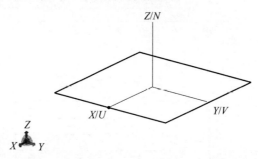

图 3.12　在 CADFEKO 中方环天线的几何结构

要求计算近场和远场特性从而观察辐射特性，方环天线的计算结果如图 3.13 所示。同样，对于电大环天线（周长大于 1 个波长），由于电流分布的非对称性，方向图并不完全对称。关于更多环天线的电流分布情况，将在下一节中给出。

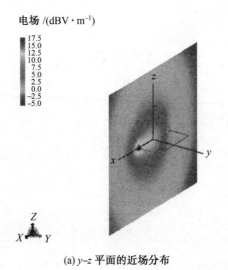

(a) y–z 平面的近场分布

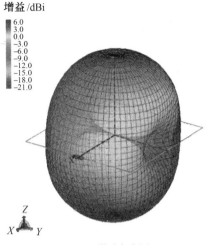

(b) 3D 增益方向图

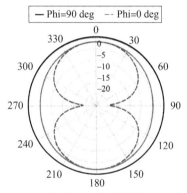

(c) x–z 平面和 y–z 平面的增益方向图

图 3.13　在 POSTFEKO 中环天线的辐射特性

3.4.2　参数研究

如前文所述,电小环天线的辐射特性与其形状无关,然而,电大环天线的电流分布与环天线的几何结构关系甚密。这里研究四种周长的电大方环天线的辐射特性,即 $\lambda/2$,λ,$3\lambda/2$ 和 2λ。设计频率依然是 300 MHz,导线半径为 0.000 1λ。中心频率点和 20% 带宽的截止频率点的电流分布如图 3.14 所示。

与电大圆环天线相似,在这里所有情况导线上的电流分布都会产生零点,但零点的位置依赖于环的尺寸。当环的周长为 0.5λ 和 1.5λ 时,电流分布是不对称的,因此主波束方向是倾斜的。另一方面,当环的周长为 λ 和 2λ 时,电流分布几乎是对称的,从而导致更适用的辐射特性。电大方环天线的增益方向图随频率变化显著,计算结果如图 3.15 所示。

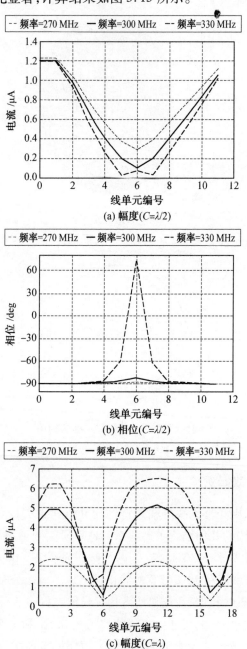

(a) 幅度(C=λ/2)

(b) 相位(C=λ/2)

(c) 幅度(C=λ)

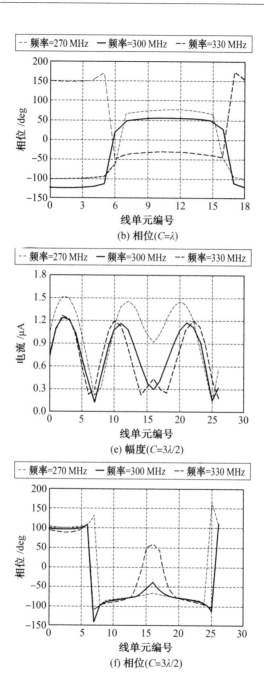

(b) 相位(C=λ)

(e) 幅度(C=3λ/2)

(f) 相位(C=3λ/2)

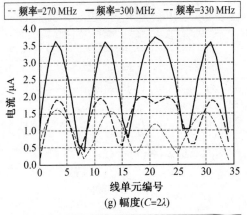

(g) 幅度($C=2\lambda$)

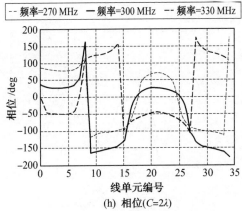

(h) 相位($C=2\lambda$)

图 3.14 电大方环天线的电流分布

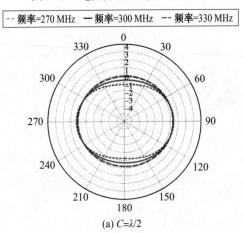

(a) $C=\lambda/2$

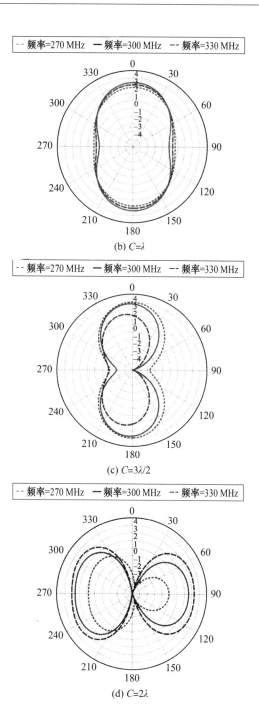

(b) $C=\lambda$

(c) $C=3\lambda/2$

(d) $C=2\lambda$

图 3.15　电大方环天线的增益方向图

天线端口阻抗的实部和虚部均在图 3.16 中给出,这些结果表明,方环天线输入阻抗的特性与环天线类似,即当环的周长为 0.5λ 和 1.5λ 时,阻抗的实部和虚部值都很大,使得这类天线不符合实际要求,另一方面,当环的周长为 λ 或 2λ 时的性能非常实用。再次提及其重要的缺点是,阻抗的虚部随频率增长很快,本质上讲,使得环天线具有一个非常窄的带宽。

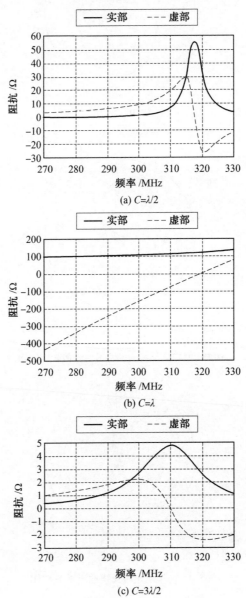

(a) C=λ/2

(b) C=λ

(c) C=3λ/2

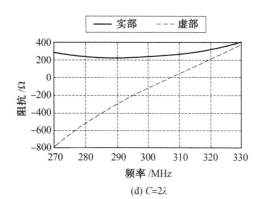

(d) $C=2\lambda$

图 3.16 电大方环天线随频率变化的阻抗特性

值得指出的是由于与圆环天线结构不同,方环天线不是轴对称的结构,因此方环天线的辐射特性依赖于馈电位置。这里研究采用相同的环结构,当选择在方环两条边的结合处馈电时的情形,其几何结构模型如图 3.17 所示。

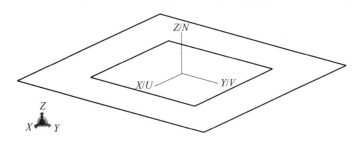

图 3.17 在 CADFEKO 中拐角馈电的方环天线

当馈电位置选择两条导线的接口处时,输入电流的方向只能指定沿其中一条导线,这里我们选择电流沿 y 方向,图 3.18 给出了此环天线拐角馈电端口的放大图。

同样,考虑四种周长的方环天线,即 $\lambda/2$,λ,$3\lambda/2$ 和 2λ。设计频率依然是 300 MHz,导线半径为 $0.000\,1\lambda$。中心频率点和 20% 带宽的截止频率点的电流分布如图 3.19 所示。

与图 3.14 进行比较,结果表明导线上电流分布的幅度是非常相似的,然而,由于电流相位的不同,方向图发生显著变化,四种情形的辐射方向图如图 3.20 所示。对于电大方环天线,方向图与图 3.15 中导线中心馈电的方向图是截然不同的,天线端口阻抗的实部和虚部在图 3.21 给出,这些设计均具有相似的带宽特性。

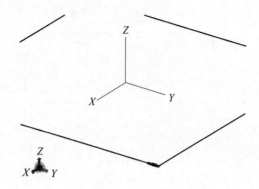

图 3.18 在 POSTFEKO 中拐角馈电端口的放大图

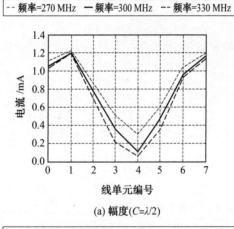

(a) 幅度($C=\lambda/2$)

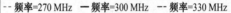

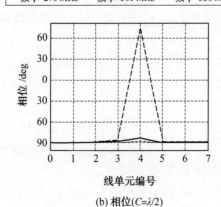

(b) 相位($C=\lambda/2$)

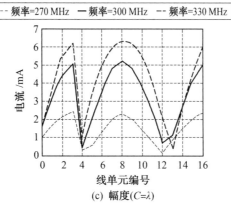

(c) 幅度($C=\lambda$)

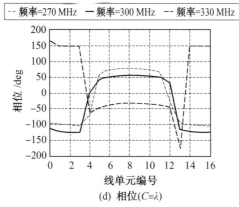

(d) 相位($C=\lambda$)

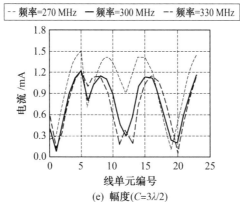

(e) 幅度($C=3\lambda/2$)

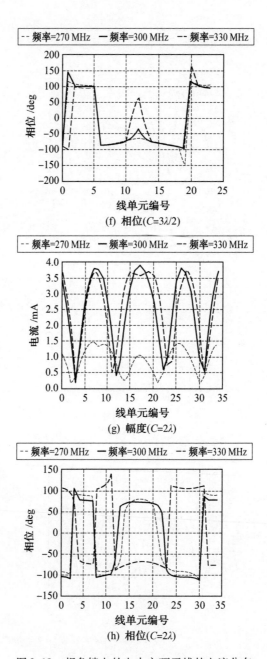

(f) 相位($C=3\lambda/2$)

(g) 幅度($C=2\lambda$)

(h) 相位($C=2\lambda$)

图 3.19 拐角馈电的电大方环天线的电流分布

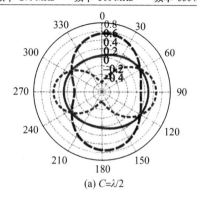

(a) $C=\lambda/2$

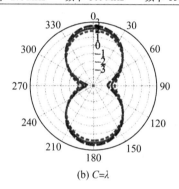

(b) $C=\lambda$

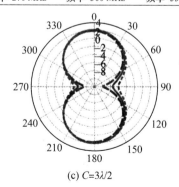

(c) $C=3\lambda/2$

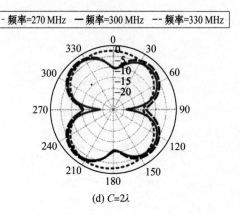

(d) $C=2\lambda$

图 3.20　边上馈电的电大方环天线的增益方向图

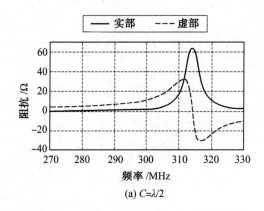

(a) $C=\lambda/2$

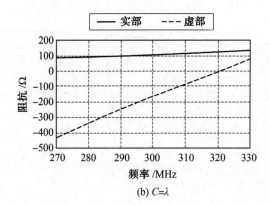

(b) $C=\lambda$

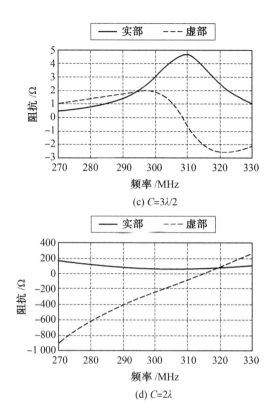

(c) $C=3\lambda/2$

(d) $C=2\lambda$

图 3.21 边上馈电的电大方环天线随频率变化的阻抗特性

3.5 三角环天线

3.5.1 问题的建立

本节中关注的天线结构是三角环天线,与方环结构类似,此结构也不具备轴对称特性。首先在 CADFEKO 设计环境中建立模型,需要定义如下变量:

(1) freq = 300e6

(2) freq_min = 270e6

(3) freq_max = 330e6

(4) lambda = c0/freq

(5) loop_circumference = 0.5

（6）wire_radius = 0.0001

使用上述变量，设计过程如下：

首先创建一个 4 个点的折线（polyline）组成三角形，假设导线为 PEC；接下来定义其中一根导线的中心为线端口，使用默认的电压幅度和相位为导线端口添加电压源。在 CADFEKO 中三角环天线的几何结构如图 3.22 所示。

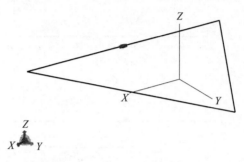

图 3.22　三角环的几何结构

本例要求计算近场和远场特性从而观察辐射特性，中心馈电三角环天线的周长为一个波长，其计算结果如图 3.23 所示。对于这种结构，方向图是非轴对称的，因此观察 x–z 面和 y–z 面的方向图是有意义的。

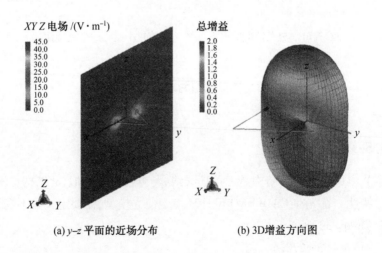

(a) y–z 平面的近场分布　　　　　(b) 3D增益方向图

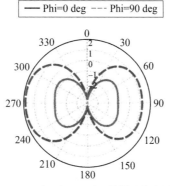

(c) *x*–*z* 平面和 *y*–*z* 平面的增益方向图

图 3.23　在 POSTFEKO 中中心馈电的三角环天线辐射特性($C=\lambda$)

3.5.2　参数研究

这里研究四种周长的电大三角环天线的辐射特性,即 $\lambda/2$, λ, $3\lambda/2$ 和 2λ。设计频率为 300 MHz,导线半径为 0.0001λ。首先研究中心馈电情形,中心频率点和 20% 带宽的截止频率点的环上电流分布,以及 2D 辐射方向图,分别由图 3.24、图 3.25 和图 3.26 给出。

与上文研究的其他环天线结构相似,导线上的电流分布会产生零点,但零点的位置依赖于环的尺寸。对于对称的辐射方向图,只需观察 *y*–*z* 面。天线端口阻抗的实部和虚部均在图 3.27 中给出,这些结果表明,三角环天线输入阻抗的特性与前文天线类似,即当环的周长为 0.5λ 和 1.5λ 时,阻抗的实部和虚部值都很大,使得这类天线不符合实际要求;另一方面,当环的周长为 λ 或 2λ 时其性能非常实用。

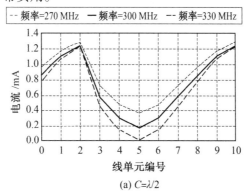

(a) $C=\lambda/2$

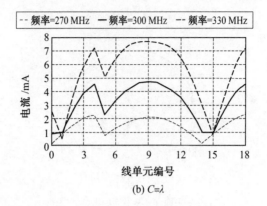

(b) $C=\lambda$

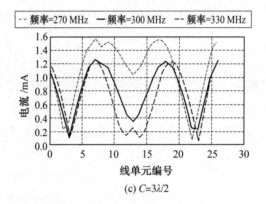

(c) $C=3\lambda/2$

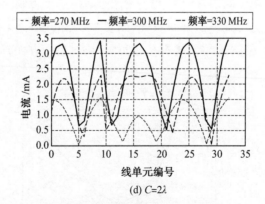

(d) $C=2\lambda$

图 3.24　三角环天线上的电流分布

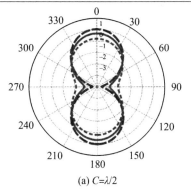

(a) $C=\lambda/2$

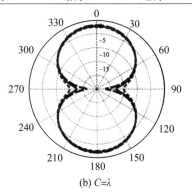

(b) $C=\lambda$

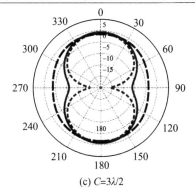

(c) $C=3\lambda/2$

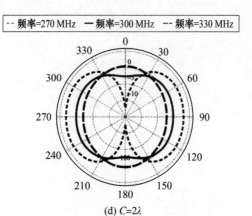

(d) $C=2\lambda$

图 3.25　三角环天线 x–z 面的增益方向图

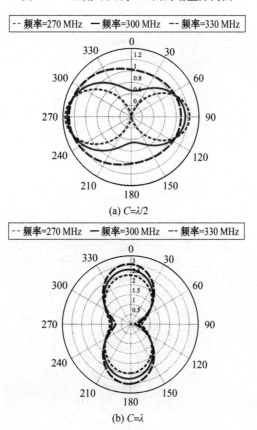

(a) $C=\lambda/2$

(b) $C=\lambda$

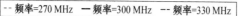
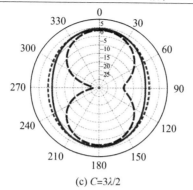

(c) $C = 3\lambda/2$

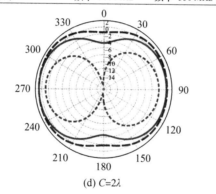

(d) $C = 2\lambda$

图 3.26　三角环天线 y–z 面的增益方向图

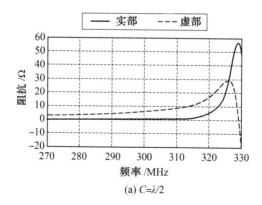

(a) $C = \lambda/2$

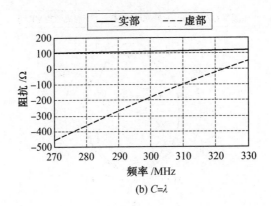

(b) $C=\lambda$

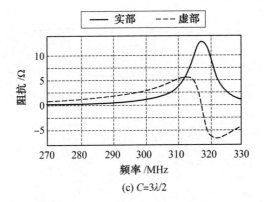

(c) $C=3\lambda/2$

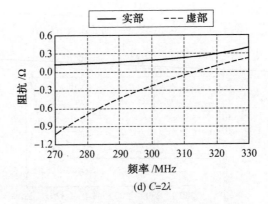

(d) $C=2\lambda$

图 3.27　三角环天线随频率变化的阻抗特性

3.6 PEC 散射体附近的环天线

正如第 2 章所述,在许多实际应用中天线被放置在媒质中,天线的辐射方向图将因周围物体的存在而发生畸变。本节将讨论一个 UHF 频段圆环天线($C=\lambda$)靠近 PEC 散射体时的辐射特性。该问题的几何模型在图 3.28 中给出。

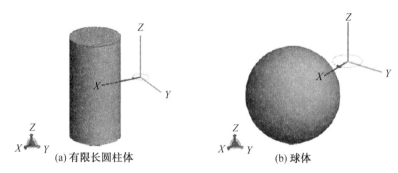

(a) 有限长圆柱体   (b) 球体

图 3.28 靠近 PEC 散射体的环天线

首先建立半径为 0.5λ 的有限长 PEC 圆柱,长度选择 2λ,将其放置在距离圆环中心为 λ 的位置,即圆柱体到环中心的最小距离为 0.5λ。圆柱上的电流分布和辐射方向图如图 3.29 所示。如前文所述,由于大型散射物体的存在,环天线的辐射方向图发生形变,然而,与偶极子天线相比,该天线的峰值增益并没有大幅度增加。

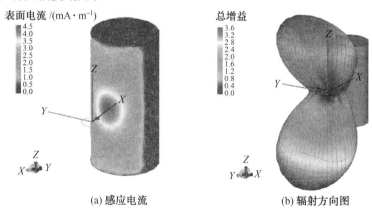

(a) 感应电流   (b) 辐射方向图

图 3.29 环天线在 PEC 圆柱表面的感应电流和辐射方向图

接下来讨论当半径为 0.5λ 的 PEC 球体放置在距离环中心和坐标系距离为 λ 的情形。球上的电流分布和天线辐射方向图如图 3.30 所示,再一次与偶极子天线相比,这种情况下,增益的增大并不明显。此外,当散射体变化时,这两种情况的辐射方向图发生了明显的差异。因此,总体来说,环天线不适合做反射面天线的馈源。

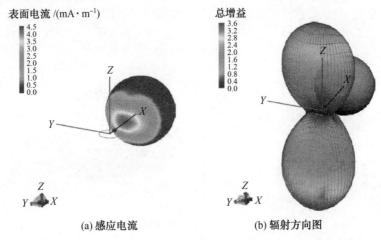

(a) 感应电流   (b) 辐射方向图

图 3.30　环天线在 PEC 球体表面的感应电流和辐射方向图

研究放置在平面散射体附近的环天线的辐射特性,也是很有意义的。这里考虑一个矩形金属片,长度为 λ,宽度为 2λ。散射体放置在距离环中心,即坐标系原点为 λ 的情形。金属片上的电流分布和天线辐射方向图在 3.31 给

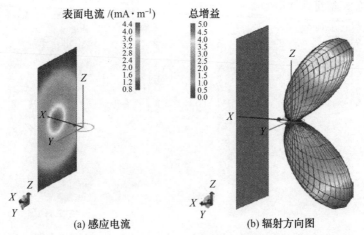

(a) 感应电流   (b) 辐射方向图

图 3.31　环天线在 PEC 金属片表面的感应电流和辐射方向图

出,将此结果与圆柱形散射体的例子(图 3.29)进行比较,表明两种散射体的口径非常相似(虽不完全相同),但辐射方向图却截然不同。PEC 金属片结构能够得到稍高的增益。

习　　题

（1）地板的影响

设计周长为一个波长的圆环天线,工作频率为 300 MHz,其所在平面与 $z=0$ 平面平行,距离为 $\lambda/2$。将 x-y 面设置为无限大地板,计算环天线的辐射特性,并与放置在自由空间的环天线性能进行比较。当环平面与地板垂直时,重复上述练习。

（2）电小环天线

设计三个周长为 $\lambda/10$ 的环天线,分别为圆环、方环和三角环,工作频率均为 900 MHz,其中方环和三角环采用中心馈电结构。比较这三种环天线在中心频率和截止频率处的辐射特性,三种不同结构环天线的辐射方向图是否相似? 解释原因。

（3）三角环天线

针对第 5 节讨论的三角环天线,选择在三角形的一个顶点设置端口,与环导线中心馈电的情形进行比较,哪种设计能够得到更好的性能? 解释原因。

（4）靠近 PEC 散射体的环天线

选择与第 6 节相同的散射体研究,但将环天线所在平面与 x-y 面垂直放置,与第 6 节的计算结果比较并讨论观察到的现象。

（5）无线功率传输

使用两个周长为一个波长的圆环天线重复第 2 章 2.5 节的研究。环之间选择什么样的相对位置才能够得到最大的功率传输? 与偶极子的例子进行比较,接收端口的功率是否增加? 解释原因。

第4章　微带贴片天线

4.1　引　言

随着印刷电路技术的快速发展,印刷天线由于尺寸小、质量轻和成本低等重要因素,在高性能系统中得到了广泛的应用[13~17],其中最重要的一点是印刷天线具有很低的剖面。在实际应用中,微带贴片天线和贴片天线阵列几乎是最常见的印刷结构。自20世纪70年代开始,贴片天线的辐射特性得到广泛研究,印刷天线的解析求解和数值求解也都得到了广泛的发展[7,8]。此外,这些分析获得的物理灵感引起了一些先进设计结构的发展。虽然常规的微带贴片天线带宽较窄,但改进后的结构可以实现宽带、多频等性能。另外,贴片天线能够实现圆极化或线极化。本章中,主要研究几种微带贴片天线的基本结构,使用FEKO软件[9]演示设计贴片天线的过程,并给出几种实例。

4.2　贴片天线设计与分析

最基本的贴片天线结构包含一个非常薄的金属带(或金属片),放置在距离金属地板上方远小于波长的位置。典型的贴片和地板之间由介质基片隔离。常见的矩形微带贴片天线的长度小于$\lambda/2$,其几何结构模型如图4.1所示。

微带贴片天线可以选择多种设计方式进行馈电,最常见的有同轴探针、微带线、口径耦合和临近耦合[7]。为了得到微带线的精确分析,馈电结构的精确建模是势在必行的。当四种馈电结构的电路模型能够得到后,更加精确的分析将需要全波仿真来完成。

微带天线的不同分析方法近年来得到不断发展,其中最流行的是传输线、腔体和全波方法。传输线方法是其中最简单的方法,提供很好的物理角度分析,但总体精度不高。腔体方法相对准确一些,但同时会更加的复杂,尽管如此,也能够提供良好的物理解释。贴片天线传输线模型和腔体模型的解析解在文献[7,8]中给出,并鼓励读者熟悉这些方法从而更好地理解。本章主要

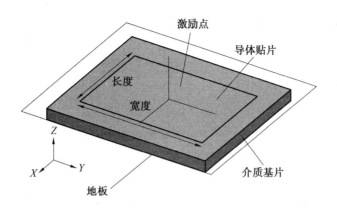

图 4.1 矩形微带贴片天线的几何结构模型

使用 FEKO 电磁仿真软件对微带贴片天线进行全波仿真,我们也会给出设计矩形微带天线的基本准则和公式。

设计微带天线的第一步是选择合适的介质基片,商业上提供诸多不同厚度、不同电特性的介质材料。一般来说,较低介电常数的介质材料提供更宽的阻抗带宽,能够减小表面波激励,因此常选择此类介质材料。高介电常数材料通常在空间受限,需要减小天线尺寸时使用。一旦介质基片材料选定,下一步工作是选择合适的基片厚度。在微带天线设计中,较厚的基片由于提供较宽的带宽而受到青睐,但基片太厚时耦合馈电成为问题。同轴馈电微带天线的一般法则是介质厚度小于 $0.03\lambda_0$,即被认为较薄的基片。

针对指定的设计指标,接下来的工作是确定贴片长度和宽度,为了得到较高的辐射效率,贴片的实际宽度使用下式近似确定

$$W = \frac{1}{2f_r\sqrt{\mu_0\varepsilon_0}}\sqrt{\frac{2}{\varepsilon_r+1}} \tag{4.1}$$

式中 f_r——贴片天线的谐振频率;

ε_0,μ_0——自由空间介电常数和磁导率;

ε_r——介质基片的相对介电常数。

一般而言,在选择贴片的宽度时具有一定的灵活性,甚至在有些设计中方形结构也是可以使用的。

之后,我们需要确定贴片的谐振长度,精确设计微带天线时需要着重考虑的是边缘场效应,该效应将使得贴片的尺寸变宽。由于电磁波一部分在介质中传播,另一部分在空气中传播,需要引入有效介电常数去计算边缘效应和导

线中波的传播,有效介电常数可通过下式计算

$$\varepsilon_{\text{reff}} = \frac{\varepsilon_r+1}{2} + \frac{\varepsilon_r-1}{2}\left[1+12\frac{h}{W}\right]^{-1/2} \tag{4.2}$$

式中　h——介质基片的厚度。

微带贴片电长度的增大可以用下面的经验公式进行计算

$$\frac{\Delta L}{h} = 0.412\frac{(\varepsilon_{\text{reff}}+0.3)\left(\dfrac{W}{h}+0.264\right)}{(\varepsilon_{\text{reff}}-0.258)\left(\dfrac{W}{h}+0.8\right)} \tag{4.3}$$

边缘效应使得贴片两条边的长度均增加 ΔL,因此贴片的有效长度变为

$$L_{\text{eff}} = L+2\Delta L \tag{4.4}$$

总之,矩形微带贴片的设计过程如下:

(1)根据公式(4.1)确定设计宽度;

(2)根据公式(4.2)计算有效介电常数;

(3)根据公式(4.3)计算贴片电长度的增大;

(4)贴片天线的物理长度计算公式为

$$L = L_{\text{eff}} - 2\Delta L \tag{4.5}$$

式中,贴片的有效长度计算公式如下

$$L_{\text{eff}} = \frac{1}{2f_r\sqrt{\varepsilon_{\text{reff}}}\sqrt{\mu_0\varepsilon_0}} \tag{4.6}$$

最后,需要指出的是馈电位置由微带贴片的阻抗特性决定,这是由于随着馈电位置而改变的谐振点输入阻抗将引起腔体中场的变化。对于通常使用的最低模式,输入阻抗在贴片的边缘达到最大,当馈电位置向贴片内部移动时逐渐减小。

4.3　在 FEKO 中贴片天线的全波仿真

4.3.1　探针馈电激励的矩形微带贴片天线

本节给出工作在 2.45 GHz 的矩形微带贴片天线的设计与仿真,其中介质基片选择相对介电常数为 2.2,厚度为 1.115 mm。厚度对应电尺寸约为 $0.01\lambda_0$,因此,在设计频率处可得到良好的匹配。由上一节概述的过程,贴片

天线的初始尺寸为 40.76 mm×48.40 mm。

　　贴片天线在 FEKO 中建立模型非常简单,需要创建一个长方体(cuboid)基板和矩形(rectangle)贴片,然而,探针馈电是设计中要重点考虑的因素。建立探针模型时使用导线连接介质基片下方的地板和贴片表面。当此三个几何结构创建后,就必须将其三者结合,确保后续能够正常划分网格。定义导线端口和电压源从而激励天线。探针馈电的矩形贴片天线的几何模型,如图 4.2所示。

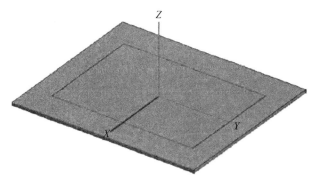

图 4.2　在 FEKO 中探针馈电的矩形贴片天线

　　如前文所述,初始的尺寸只是设计的开始,接下来需要进一步的调谐。经过一些参数的优化,贴片的尺寸设置为 38.9 mm×53.95 mm。此外,馈电点也进行调整从而得到良好的匹配,其最终位置定在 $x=-7.25$ mm,坐标系参考图4.2。输入阻抗和反射系数在图 4.3 中给出,结果表明在谐振频率处,阻抗的虚部为 0,实部最大。同时,急剧变化的阻抗表明设计的带宽非常窄,如图4.3(b)所示。

　　对贴片天线在谐振频率处的电流分布的研究也是有意义的,如图 4.4 所示。基于本征模激励,沿着天线的长边边缘,在中心处得到电流的最大值。

　　天线的辐射方向图如图 4.5 所示,为天线的侧向方向,即贴片口径面的法向方向。此外,方向图沿两个主平面是非常对称的,这一点使得贴片天线非常的实用。2.45 GHz 矩形贴片天线的 3D 辐射方向图在图 4.6 中给出。矩形微带贴片天线随频率变化的增益,如图 4.7 所示。可实现峰值增益为 7.35 dB,并且该天线的 3 dB 增益带宽约为 100 MHz。从图 4.7 中可以看到在 2.25 GHz处有一个毛刺,这是由于使用频率差值方法产生的误差,采用离散频率扫描的方法可以纠正该问题。

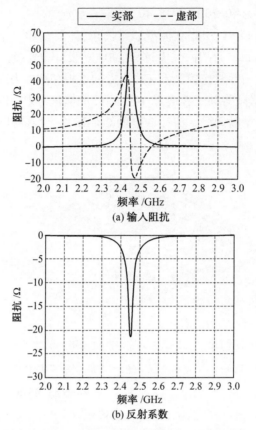

(a) 输入阻抗

(b) 反射系数

图 4.3　贴片天线的输入阻抗和端口的反射系数

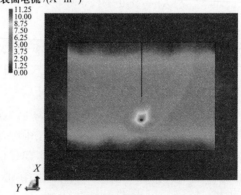

图 4.4　矩形贴片在谐振频率处的电流分布

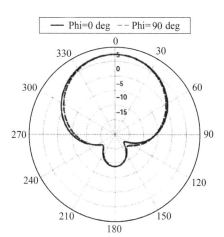

图 4.5　2.45 GHz 矩形贴片天线主平面的辐射方向图

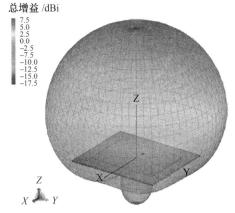

图 4.6　2.45 GHz 矩形贴片天线的 3D 辐射方向图

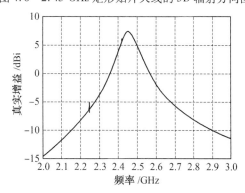

图 4.7　矩形微带贴片天线随频率变化的增益

4.3.2 微带线激励的矩形微带贴片天线

本节将研究一个采用不同的馈电结构的微带贴片天线,即微带线激励。与探针馈电相似,微带线馈电的制作和匹配也是很容易的。匹配如本节所演示的,通常使用隐藏式馈电(如嵌入)实现。为了与前面的例子保持一致,我们设计的天线采用相同的工作频率,即 2.45 GHz,以及相同的基片材料。图 4.8 给出了天线的几何模型,并演示了微带线如何进入贴片并提供要求的阻抗匹配。由于馈电方法不同,天线的长度需做轻微调整,经过一些参数的优化,贴片的长度定为 40.2 mm,而贴片的宽度没有改变,W 依然为 53.95 mm。插入部分的长度为 12 mm,相当于 8.1 mm 的偏移,这与探针馈电设计中 7.25 mm 的值是相当接近的。

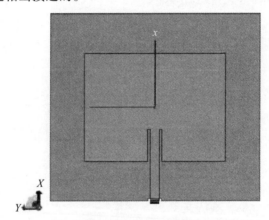

图 4.8 在 FEKO 中微带馈电的矩形贴片天线结构

在 FEKO 中建立此天线模型是简单的,但馈电部分应该注意。为了确保合理的激励,微带线必须在边缘端口处激励。然而,不能在基板的介质边界定义(此处细节请参阅 FEKO 手册),因此需要在介质上切割一小段,其模型如图 4.9 所示。

输入阻抗和反射系数如图 4.10 所示,与以前的例子相似,在谐振频率阻抗的虚部为 0,实部最大。再次,急剧变化的阻抗成为窄带宽的原因,如图 4.10(b)所示。

贴片上谐振频率时的电流分布在图 4.11 中给出,与探针馈电设计相似,表明在低次模激励下,最大电流出现在两个边缘的中心。

天线的 2D 和 3D 辐射方向图分别如图 4.12 和 4.13 所示,该天线能够获

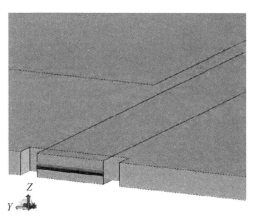

图 4.9 在 FEKO 中微带馈电激励模型

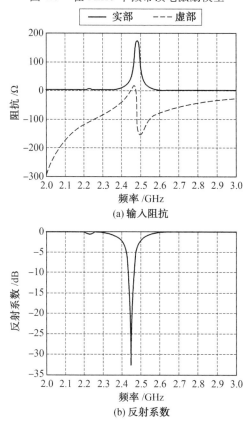

(a) 输入阻抗

(b) 反射系数

图 4.10 贴片天线的输入阻抗和端口处的反射系数

表面电流 /(A·m⁻¹)

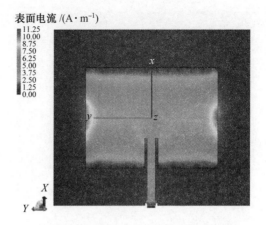

图 4.11   谐振频率点矩形贴片的电流分布

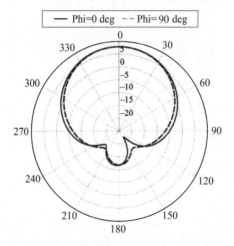

图 4.12   2.45 GHz 矩形贴片天线主平面的辐射方向图

得较宽的波束宽度和几乎对称的辐射方向图。

矩形微带贴片天线随频率变化的增益在图 4.14 中给出,可实现最大增益为 7.83 dB,此天线的 3 dB 增益带宽约为 80 MHz。

重要的是,作为单个天线单元,与探针馈电设计相比,这里给出的微带馈电设计并没有显示多大的优势,但这种馈电方法在微带阵列结构中意义重大。与前文讨论的相似,由于使用频率差值方法中引入的数值误差,在图4.14中能看到毛刺,可通过采用离散频率扫描方式纠正。

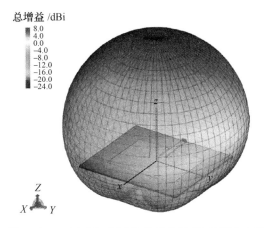

图 4.13　2.45 GHz 矩形贴片天线的 3D 辐射方向图

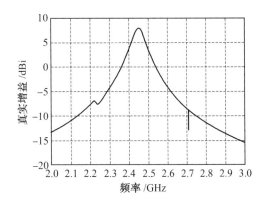

图 4.14　矩形微带贴片天线随频率变化的增益

4.3.3　探针馈电激励的圆形微带贴片天线

另一种非常流行的微带贴片天线结构是圆形贴片或称圆盘形贴片。文献 [7] 中采用腔体模型描述了其分析和设计方程,鼓励读者阅读该文献。这里将研究工作频率为 2.45 GHz 的圆环微带贴片的特性,选择与前文例子相同的介质材料,但厚度稍厚一些,即 1.26 mm。探针馈电的圆形贴片天线的几何模型如图 4.15 所示。

贴片和圆形地板的半径分别为 23 mm 和 35 mm,探针放置在距离天线贴片中心 x = −10 的位置馈电。输入阻抗和反射系数如图 4.16 所示,其结果与前面例子得到的结果相似。

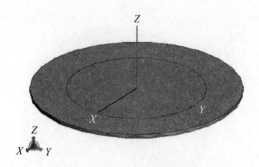

图 4.15　FEKO 中探针馈电的圆形微带贴片天线

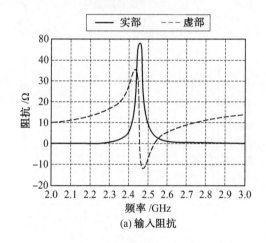

(a) 输入阻抗

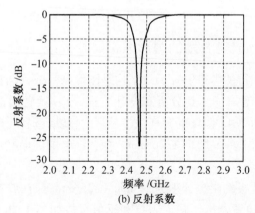

(b) 反射系数

图 4.16　贴片天线的输入阻抗和端口处的反射系数

在低次模激励下的圆盘贴片天线上谐振频率的表面电流分布如图 4.17 所示。

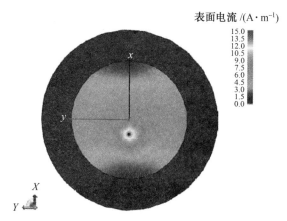

图 4.17 圆盘贴片谐振处的电流分布

天线的 2D 和 3D 辐射方向图分别如图 4.18 和 4.19 所示,与方形贴片结构相似,圆形贴片天线的辐射方向图具有宽波束宽度和几乎对称的特性。

天线随频率变化的增益结果在图 4.20 中给出,最大增益可实现到 7.04 dB,天线的 3 dB 带宽约为 82 MHz。

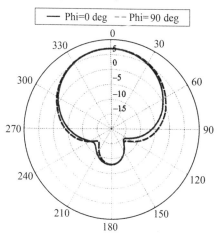

图 4.18 2.45 GHz 圆形贴片天线主平面的辐射方向图

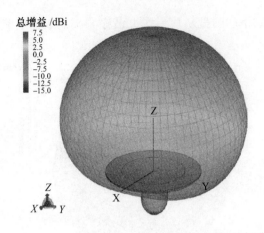

图 4.19　2.45 GHz 圆形贴片天线的 3D 辐射方向图

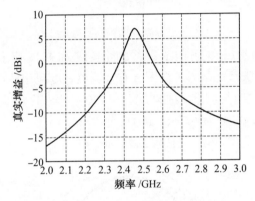

图 4.20　圆形微带贴片天线随频率变化的增益

4.4　圆极化贴片天线

　　圆极化（CP）天线常应用在一些特定的范围,可减少由于发射天线和接收天线的偏差引起的极化损耗。在圆极化贴片天线的馈电方法中,单馈和双馈结构各有各的优势[7, 8]。这里我们采用双馈电结构的方形贴片天线实现圆极化,并研究其特性。

　　双馈贴片天线的几何模型如图 4.21 所示,为了与前面章节讨论的微带馈电设计相比较,这里将传输线直接与微带贴片的边缘相连接。采用这种馈电结构,有必要使用四分之一波长传输线实现与端口的阻抗合理匹配。

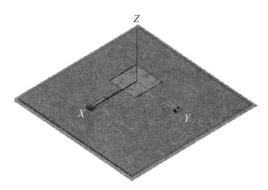

图 4.21　FEKO 中双馈电的方形贴片天线

　　本次设计的中心频率为 2.4 GHz,介质基片的相对介电常数为 2,厚度为 2.649 8 mm。传输线的第一段(接 50 Ω 端口)宽度为 8.67 mm,对应的特性阻抗约为 50 Ω,四分之一波长段传输线的宽度为 1.56 mm。贴片天线的方形孔径边长为 42.55 mm,设计中使用无限介质基片模型。图 4.22 给出了两个端口的反射系数仿真,表明频带内匹配特性良好。

　　在 2.37 GHz 时贴片上的电流分布在图 4.23 中给出。

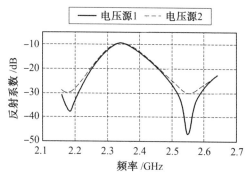

图 4.22　两个端口处的反射系数

　　对于此类双馈电结构,通过在两个端口上设置 90° 的相位差,圆极化特性是非常容易实现的。这里在沿 y 轴设置的端口上有 90° 的相位延迟,这将使得天线的辐射方向图为右旋圆极化,图 4.24 给出了随频率变化的天线轴比,该设计得到了非常好的圆极化特性,图 4.25 给出了右旋圆极化的增益。

　　2.37 GHz 时天线的辐射特性在图 4.26 中给出,注意交叉极化在主波束方向约 30 dB,在接近水平面时,交叉极化增加。尽管如此,这种圆极化天线能够提供良好的半球覆盖,从而在许多领域应用广泛。天线的 3D 辐射方向图,如图 4.27 所示。

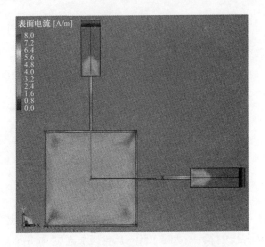

图 4.23　双馈电方形贴片天线的电流分布

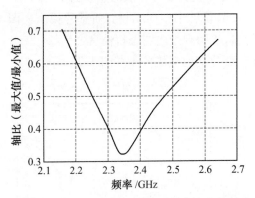

图 4.24　圆极化(CP)贴片天线随频率变化的轴比

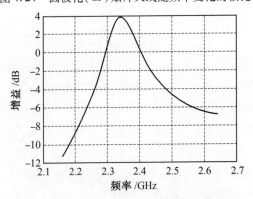

图 4.25　随频率变化的右旋圆极化增益

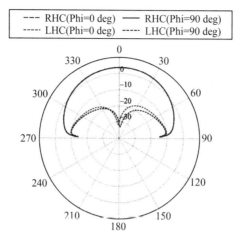

图 4.26　主平面的辐射方向图

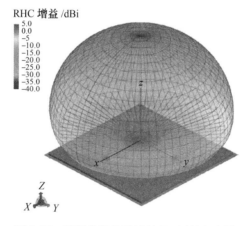

图 4.27　圆极化贴片天线的 3D 辐射方向图

习　　题

（1）矩形贴片天线

根据第 3 节的例子，设计一个探针馈电的矩形贴片天线，工作频率为 5.8 GHz，选择市场上常见的介质基片，研究不同基片厚度对天线的影响。使用较厚基片时能够提高天线的带宽吗？请解释原因。

（2）宽带贴片天线

微带天线的固有缺陷是阻抗带宽很窄，通常只有百分之几。一种提高微带贴片天线的带宽设计是 U 型槽贴片结构。天线的几何模型如图 4.28 所示，根据文献[15]给出的 U 型槽尺寸，研究其特性，并验证此设计能否实现宽带特性。

（3）圆极化贴片天线

根据第 4 节的例子，设计一个双馈电的圆极化贴片天线，工作频率为 5.8 GHz，其中馈电方式采用本章 4.2 节中介绍的嵌入式微带馈电结构。

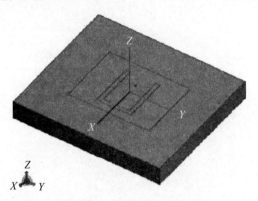

图 4.28　U 型槽贴片天线

第5章 基于微带线的馈电网络

5.1 引 言

针对诸如天线阵列或多端口天线等许多天线结构,需要研究将输入功率分配到天线的各个端口的机理,这就是通常讲的馈电网络。功率分配器是无源微波元件,能够在阵列天线中实现功率分配(发射)或功率合成(接收)。本章主要研究微带传输线的基本理论,研究几种实际应用在微带阵列天线的馈电网络中的功率分配器。

5.2 微带传输线设计

微带线几乎是最普遍的平面传输线类型,在实际应用中,它可以在集成制造工艺中直接给微带贴片天线馈电。相比之下,贴片天线的探针馈电通常结构复杂,特别是频率较高的时候。另外,微带线能够很容易地集成在无源或有源微波设备中[18]。微带传输线的基本结构如图 5.1 所示,它包含接地的介质基板层、宽度为 W 的导体条,其长度理论上可以无限长。

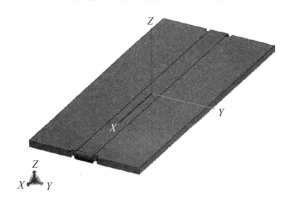

图 5.1 微带传输线的几何模型

薄介质基片微带传输线的大部分场基本包含在微带线和地板之间,因此,其场基本是准 TEM 波。然而,微带线的严格场分布为混合的,需要更加先进的分析方法。另一方面,由于微带传输线的实用性,人们推导了一些经验公式,这里会一一给出。设计微带线时主要关注的是获得传输线的阻抗特性,此外,还必须知道微带线的电长度,从而计算有效介电常数。

微带线的有效介电常数可近似为[18]

$$\varepsilon_e = \frac{\varepsilon_r + 1}{2} + \frac{\varepsilon_r - 1}{2} \left[1 + 12 \frac{h}{W} \right]^{-1/2} \tag{5.1}$$

式中　　h—— 介质基片厚度;

　　　　W—— 微带线的宽度;

　　　　ε_r—— 介质基片的相对介电常数。

上式与微带贴片特性的计算公式(4.2)是一致的。微带传输线的特性阻抗(Z_0)可由下式近似获得[18]

$$Z_0 = \begin{cases} \dfrac{60}{\sqrt{\varepsilon_e}} \ln\left(\dfrac{8h}{W} + \dfrac{W}{4h} \right) & \left(\dfrac{W}{h} \leqslant 1 \right) \\[3mm] \dfrac{120\pi}{\sqrt{\varepsilon_e} \left[W/h + 1.393 + 0.667\ln(W/h + 1.444) \right]} & \left(\dfrac{W}{h} \geqslant 1 \right) \end{cases} \tag{5.2}$$

导线的电长度为 βl,其中 β 是传输系数,l 是传输线的物理长度。为了得到相移 φ,传输线的长度可通过下式计算

$$l = \frac{\varphi}{\beta} = \frac{\varphi}{\sqrt{\varepsilon_e}\dfrac{2\pi f}{c}} \tag{5.3}$$

式中　　f—— 设计频率;

　　　　c—— 自由空间的光速。

作为例子,考虑设计一个特性阻抗为 50 Ω 的微带传输线,工作频率为 2.45 GHz,介质基片的相对介电常数为 2.2,厚度为 1.5748 mm,设计中的微带线宽度为 4.852 mm。在 FEKO 中建立的微带传输线几何模型在图 5.2 中给出,实际中传输线应该为有限长度。按照第 4 章描述,定义传输线的两个边缘为端口。在第一个端口上添加 50 Ω 阻抗的电压源,如图 5.2 中左边的端口,第二个端口作为终端设置 50 Ω 的负载。一般来说,此设置将模仿无限传输线,即在端口不会产生反射。

传输线的特性阻抗可以通过观察电压源的输入阻抗得到,频带内的计算结果如图 5.3 所示,阻抗的实部在中心频率处几乎为 50 Ω,整个频带内有轻微的变化。类似地,阻抗的虚部在中心频率为 0,整个频带内在 0 附近轻微变化。因此,这就意味着这种设计能够实现良好的匹配与传输,图 5.4 给出反射系数和传输系数,表明带宽内能够实现良好的传输(0 dB)和匹配(约 −30 dB)。

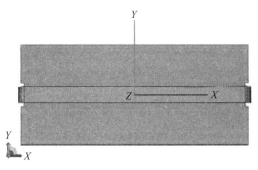

图 5.2　50 Ω 微带传输线

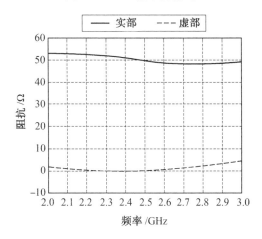

图 5.3　随频率变化的微带传输线的阻抗

频率为 2.45 GHz 时,基片上表面的电流分布如图 5.5 所示,如前文所述,场几乎完全约束在微带传输线下方。

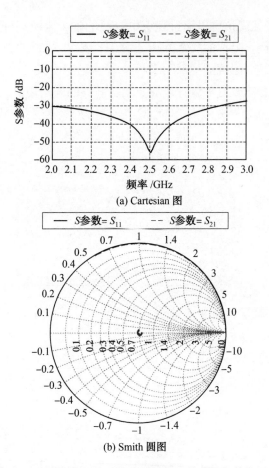

(a) Cartesian 图

(b) Smith 圆图

图 5.4　随频率变化的微带传输线的反射系数和传输系数

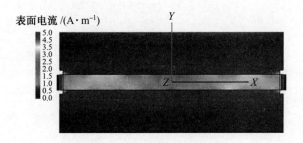

图 5.5　2.45 GHz 的电流分布

5.3 四分之一波长变换器

四分之一波长变换器是一种非常实用的阻抗匹配电路,在许多微波领域应用中,需要将负载(R_L)与具有一定特性阻抗(Z_0)的传输线进行匹配。四分之一波长变换器是一段长度为 $\lambda/4$(或相位为90°)的传输线,其阻抗为

$$Z_{QW} = \sqrt{Z_0 R_L} \tag{5.4}$$

这种传输线在中心频率能够提供一个理想的匹配,作为四分之一波长变换器的例子,我们考虑工作在 2.45 GHz 时,从 50 Ω 传输线到 100 Ω 负载的匹配设计,其几何模型如图 5.6 所示。设计中使用介电常数和厚度与第 2 节相同的介质基片材料。四分之一波长微带变换器的特性阻抗应该为 70.71 Ω,则对应的宽度为 2.783 mm。根据四分之一波长的电长度,传输线长度应为 22.722 mm。变换器的一端接由电压源端口激励的 50 Ω 传输线,传输线的长度为 23.639 mm;变换器的另一端接宽度为 1.411 mm 的 100 Ω 传输线,传输线的长度为 23.639 mm,终端接 100 Ω 负载。总的来说,微带电路的长度为 71 mm,介质基片的宽度选择为 40 mm,但一般可以根据需要选择更小的宽度。

图 5.6　四分之一波长变换器

二端口设计的反射系数和传输系数在图 5.7 中给出,在中心频率,设计得

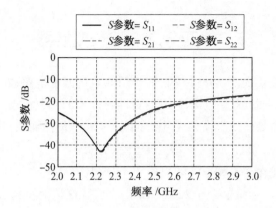

图 5.7　微带四分之一波长变换器反射和传输系数

到了非常好的反射系数,然而,通常这种匹配技术具有窄带特性,传输线上的电流分布如图 5.8 所示。

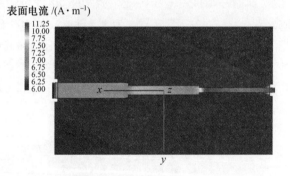

图 5.8　四分之一波长微带传输线电流分布

5.4　T 型结功率分配器

另一种非常实用的天线馈电网络是 T 型结功率分配器。该结构是一个三端口微波网络,可用作功率分配和功率合成。对于无耗(或低耗)的传输线,特性阻抗为实数,忽略传输线上不连续性处伴随的能量储存,决定各个端口阻抗的公式为

$$\frac{1}{Z_1} + \frac{1}{Z_2} = \frac{1}{Z_0} \tag{5.5}$$

对于功率分配器,Z_0 是输入端口的特性阻抗,Z_1 和 Z_2 分别是输出端口的

特性阻抗。通过选择输出线的特性阻抗,输入功率可按需要的比例分配。

作为例子,考虑一个微带型 T 型结功率分配器实现功率等分的设计,即每个端口为-3 dB 的功率输出。使用与第 2 节相同介质材料和厚度的介质基片,输入传输线的特性阻抗为 50 Ω,为了满足公式(5.5),输出传输线的特性阻抗应为 100 Ω。相应地,输入传输线和输出传输线的线宽分别为 4.743 mm 和 1.367 mm。然而在实际中,大多数微波连接器都设计成 50 Ω,因此使用四分之一波长转换器实现 100 Ω 传输线到 50 Ω 输出端口的匹配。设计的 T 型结功率分配器的几何模型如图 5.9 所示。

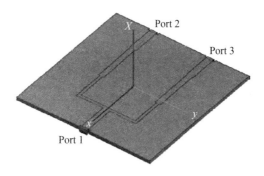

图 5.9　3 dB T 型结微带功率分配器几何模型

设计的功率分配器的传输系数幅度随频率变化的结果如图 5.10 所示,在频带内,几乎得到了相等的功率分配。图 5.11 表明输入端口的反射系数在整个频带内匹配良好,而频率是 2.45 GHz 时功率分配器上的电流分布如图 5.12 所示。

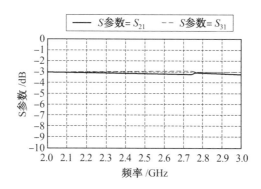

图 5.10　3 dB T 型结微带功率分配器传输幅度

需要特别指出的是,由于设计的结构是完全对称的,因此传输系数$|S_{21}|$

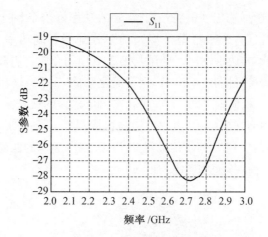

图 5.11　3 dB T 型结微带功率分配器输入端口处的反射系数

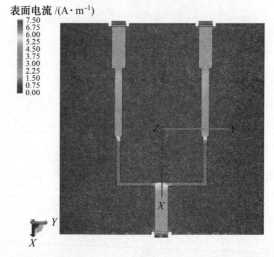

图 5.12　2.45 GHz 时 3 dB T 型结微带功率分配器电流分布

和 $|S_{31}|$ 应该相等。然而在图 5.10 中可以看到,传输幅度略有不同,这是由于仿真中划分网格的非对称性引起的。同时,图 5.11 中两个臂的电流分布也存在细微的差别,也是由上述原因引起的。提高网格的精度通常可以减少这些问题的发生。

　　T 型结功率分配器所有端口的反射系数均在图 5.13 中给出,虽然设计中输入端已实现良好匹配,但两个输出端口未能实现在整个频带内的良好匹配,总之,这一点是 T 型结功率分配器的主要缺陷。

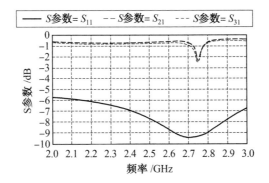

图 5.13　3 dB T 型结微带功率分配器输入和输出端口的反射系数

5.5　Wilkinson 功率分配器

前一节讨论的 T 型结功率分配器有两个问题,即不能实现所有端口的良好匹配,如图 5.13;以及输出端口间没有良好的隔离。Wilkinson 功率分配器是一个三端口网络,理论上所有端口可以实现完美匹配,并且提供输出端口间的良好隔离。因此,这种设计对于微波功率分配器非常实用,其与 T 型结功率分配器相似,能够实现任意的功率分配,但这里我们仍然考虑等分(3 dB)情况,设计过程根据文献[18]的研究进行。

对于 Wilkinson 功率分配器,所有端口都连接到特性阻抗为 Z_0 的传输线上,输入端口与输出端口之间连接一段特性阻抗为 $\sqrt{2}\,Z_0$,长度为四分之一波长的传输线;输出端口之间连接一段特性阻抗为 $2Z_0$ 的传输线,通常使用一个离散元件(如电阻片)。

Wilkinson 功率分配器的几何模型如图 5.14 所示,在本设计中,连接输入端口和输出端口的传输线是一段圆环。此圆环形微带线的宽度为 2.716 mm,对应的阻抗为 70.71 Ω。两个输出端口间传输线的特性阻抗为 100 Ω。

图 5.15 表明传输的幅度可以实现 -3 dB 的等功率传输。2.45 GHz 时微带电路上的表面电流分布如图 5.16 所示。

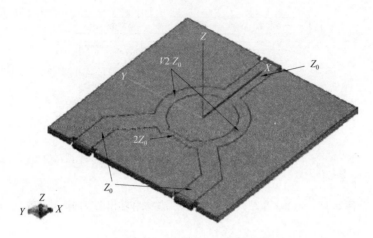

图 5.14　微带 Wilkinson 3 dB 功率分配器的几何模型

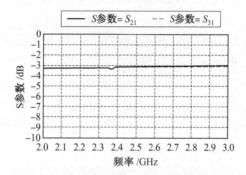

图 5.15　Wilkinson 功率分配器的传输幅度

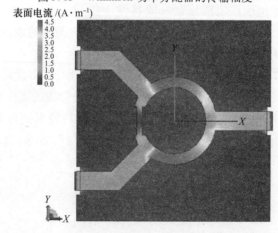

图 5.16　2.45 GHz 时 Wilkinson 功率分配器的表面电流分布

5.6　正交耦合器

　　到目前为止,研究的功率分配器可以实现两个输出端口的不同功率分配比,但不能控制输出端口的相位。在许多诸如双端口天线的实际应用中,要求产生圆极化,因此端口间需要等幅且具有 90° 相位差。后者可以通过使用正交耦合器实现,通常也被叫做 3 dB 定向耦合器。有关微波电路散射矩阵的设计过程和分析详见文献[18]。

　　这里研究一个正交分支线耦合器的性能,设计中使用上文相同的材料,工作频率为 2.45 GHz。微波电路的几何模型如图 5.17 所示。

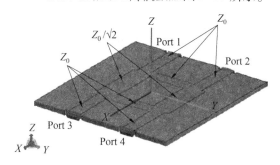

图 5.17　分支线耦合器的几何模型

　　两个输出端口的传输相位如图 5.18 所示,二者的相位差几乎为 88°,与理想的 90° 非常接近。

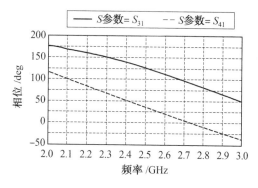

图 5.18　随频率变化的分支线耦合器的传输相位

图 5.19 给出了传输线上的电流分布,其中隔离端口(端口 2)非常清晰的

表明其表面电流的幅度非常小。

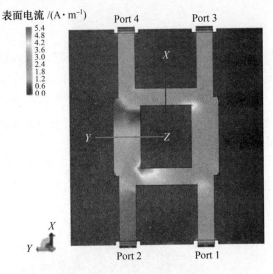

图 5.19　2.45 GHz 时分支线耦合器的电流分布

习　　题

（1）四分之一波长变换器

根据第 2 节和第 3 节的设计原理，设计一个四分之一波长微带变换器，实现在 5.8 GHz 时 50 Ω 的输入端口到 75 Ω 的输出端口间的匹配，其中选择市面上可得到的介质基片。

（2）等幅 T 型结功率分配器

使用习题（1）中选用的介质基片，工作频率为 5.8 GHz，设计一个功率分配器实现两个端口的等幅输出。设计中所有的端口均为 50 Ω，因此需要参照第 3 节在两个端口间制作一个四分之一波长变换器。

（3）功率分配比为 4∶3 的 T 型结功率分配器

使用习题（2）中相同的设计特性，设计一个 T 型结功率分配器，两输出端口间的功率分配比为 4∶3[18]。比较两种设计中的频率特性，在频带内哪个能实现更好的性能？

第6章 宽带偶极子天线

6.1 引　言

在第2章中介绍了线偶极子天线,并演示了在导线上接近于正弦形式的电流分布。但是,线偶极子的辐射特性对频率十分敏感[7,8]。也就是说,早期研究的细线偶极子天线是带宽很窄的天线,然而,实际应用更多的是,需要更宽的频率覆盖。本章首先介绍能够提供更宽带宽的简单偶极子天线结构,即圆柱偶极子天线和双锥天线;然后介绍折合偶极子天线,与简单的偶极子相比,它能够提供更好的匹配特性。具体的设计例子使用商业软件FEKO进行演示[9]。

6.2　圆柱偶极子天线

6.2.1　圆柱偶极子基础

线偶极子天线(参见第2章)是一种简单的、造价低廉的天线,但却有广泛的应用。然而,正如前面讨论的,非常细的线偶极子具有窄带输入阻抗特性。一般来说,偶极子天线的输入阻抗特性依赖于频率,而线半径是与偶极子的带宽成正比的;也就是,粗偶极子被认为是宽带的而细偶极子是窄带的。圆柱偶极子天线是一种简单的具有较大直径的线偶极子天线,通常来说,随着偶极子长度(l)和偶极子直径(d)的比值(也就是l/d)的下降,带宽会随之增加。

从计算分析的角度看,主要区别是偶极子天线的建模和激励。对于细偶极子天线,简单的线模型就可以用作偶极子天线,线端口(带电压源)能够为这种情况提供准确的激励。然而对于圆柱偶极子天线,偶极子需要被分成两个独立的柱体进行建模。对于激励的设置,通过在柱体的两个边缘定义一个边缘端口,这样可以为这种模型提供更合理的激励方式。

6.2.2 圆柱偶极子天线仿真实例

在这节中,我们对特高频(UHF)圆柱偶极子天线进行设计和分析,中心频率设为 300 MHz。为了利用 FEKO 软件建立模型,定义偶极子天线柱体的上臂和下臂分别为直径为 0.05λ 的柱体,两臂之间的距离为 0.01λ,偶极子天线的总长度为 0.5λ。正如第 2 章讨论的,接下来会对偶极子天线的长度进行调整,使得在指定的频率点产生谐振。还需要建立一个柱体作为馈电间隔,将它设定在偶极子天线两臂之间并且半径与偶极子天线相同。然后,将 3 个柱体进行布尔运算合并到一起。接下来,在偶极子天线上臂和馈电柱体上边缘设置边缘端口。在 FEKO 中建立的圆柱偶极子天线的几何模型如图 6.1 所示。通常,馈电柱体的直径并不等于偶极子天线的直径,然而,对于本次仿真实例,这两个直径相等可以更好地同第 2 章建立的线偶极子天线模型进行比较。

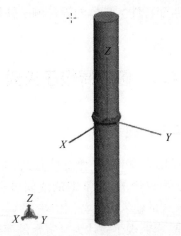

图 6.1 圆柱偶极子天线模型

前面已经讨论过,实际中的天线利用 50 Ω 的传输线馈电,因此,在端口实现良好的匹配是很重要的。接下来对偶极子天线的长度进行调整,以便可以在所设定的频点 300 MHz 处产生谐振。在第 2 章(第 5 节)偶极子天线例子中,l/d 约为 5000,与该天线相比较,柱形偶极子天线的最佳长度设定在 0.435λ,l/d 等于 8.7。圆柱偶极子天线仿真得到的反射系数如图 6.2 所示。在本例中,圆柱偶极子天线获得的带宽明显比前面研究的细线偶极子天线要宽。特别需要指出的是,圆柱偶极子天线的-10 dB 反射系数带宽约 45 MHz

（15%），而第 2 章中的细线偶极子天线只有 15 MHz（5%）。

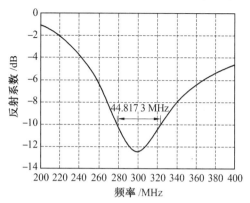

图 6.2 圆柱偶极子天线的反射系数

圆柱偶极子天线的输入阻抗和增益随频率变化的曲线分别如图 6.3 和图 6.4 所示。这里给出的结果清楚地证明了圆柱偶极子天线的宽带特性。更为重要的是，圆柱偶极子天线的辐射特性与线偶极子天线的结果非常相似。为说明这一点，图 6.5 给出了在 300 MHz 时偶极子天线的电流，类似于线偶极子天线，在馈电点处电流最大，向偶极子天线两臂的末端则逐渐衰减。图 6.6 和图 6.7 给出了圆柱偶极子天线的辐射方向图。与预期的一致，偶极子天线沿着 z 轴没有辐射，沿水平面（x-y 面）辐射最大。

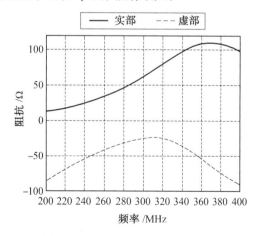

图 6.3 圆柱偶极子天线输入阻抗

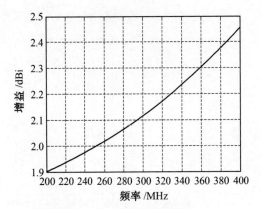

图 6.4　圆柱偶极子天线增益

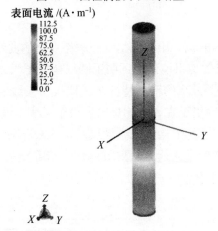

图 6.5　圆柱偶极子天线在 300 MHz 处的电流分布

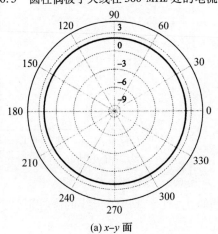

(a) x–y 面

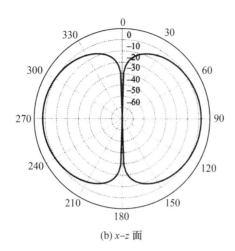

(b) x-z 面

图 6.6　圆柱偶极子天线在 300 MHz 处的方向图

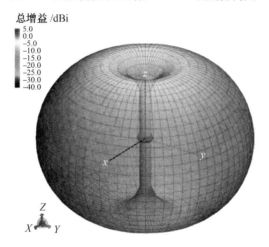

图 6.7　圆柱偶极子天线 300 MHz 处的三维方向图

6.3　双锥天线

6.3.1　双锥天线基础

双锥天线具有非常简单实用的结构,也可以实现宽带特性。其本质是圆柱偶极子天线模型的修正,只是偶极子天线的圆柱形臂演变为锥形臂。有限尺寸的双锥天线的几何模型如图 6.8 所示。

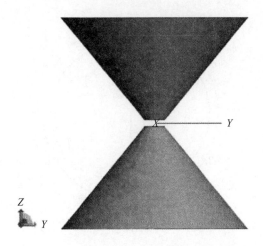

图 6.8　有限长度的双锥天线的基本结构

在进行理论分析时,一般认为锥体是无限长的[7,8],但实际上的锥体是有限长的。如文献[7]所述,对于无限长的模型,其辐射方向图可通过假设横电磁(TEM)模式激励来计算,无限长锥体天线的输入阻抗是锥角(α)的直接函数,即随着 α 的增加而减小。然后对于有限长度的锥形天线的分析比较复杂,这是因为一些沿着圆锥表面的能量发生反射,其余部分能量产生辐射。有限长双锥天线的带宽随着锥角的增加而增加。

6.3.2　有限长双锥天线仿真实例

在本节中,我们将进行有限长双锥天线的设计,其工作频率为 1 GHz。设置双锥天线的参数,使其谐振频率的覆盖范围从 0.5 到 2.0 GHz。在 FEKO 软件中给出双锥天线的几何模型,如图 6.9 所示。

双锥天线长度为 32 cm,设置两个锥之间的馈电间距为 1 cm。锥角为 45.5°,底部半径为 1.6 cm。与前文的圆柱偶极子天线研究类似,使用一个圆柱连接天线两臂,馈电圆柱的半径是 0.72 mm。双锥天线仿真得到的反射系数如图 6.10 所示,从图中可以看出,与前文研究的圆柱偶极子天线相比,双锥天线具有非常好的宽带特性。该天线的 −10 dB 带宽从 0.65 GHz 到 1.776 GHz(即 2.7,约为 3∶1 的带宽比)。

与前文研究的圆柱偶极子天线相比,双锥天线的带宽非常宽,本设计的带宽比是 3∶1。图 6.11 和图 6.12 分别给出了天线的输入阻抗和增益随频率变化的曲线。在输入阻抗曲线中可以清晰地看出这种天线的宽带特性,实部

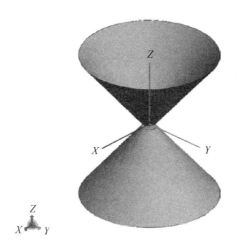

图 6.9 有限长双锥天线的结构

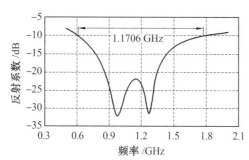

图 6.10 双锥天线的反射系数

和虚部在整个频带内都是非常令人满意的。

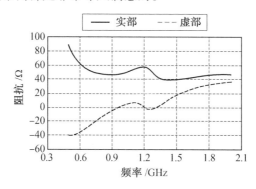

图 6.11 双锥天线的输入阻抗

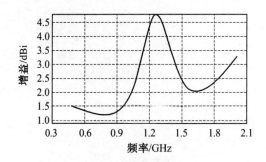

图 6.12　双锥天线的增益

这些结果清晰地表明了双锥天线的宽带特性,如前文所述,双锥天线和偶极子天线具有相似的辐射特性。为了说明这一点,图 6.13 给出了天线在 1 GHz 的电流分布,可以看出类似于线偶极子,在馈电点处电流最大,向两臂末端电流逐渐衰减。这表明该天线具有水平面的全向辐射特性。

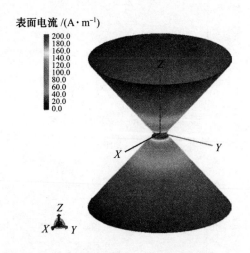

图 6.13　双锥天线在 1 GHz 处的电流分布

双锥天线的辐射方向图如图 6.14 和图 6.15,与预期的一致,辐射最大方向为水平面(x-y 面)。

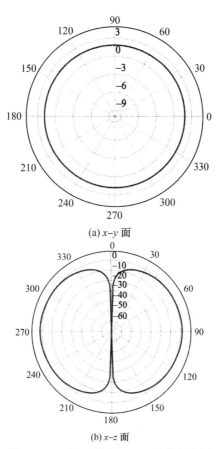

(a) x-y 面

(b) x-z 面

图 6.14　双锥天线在 1 GHz 处的方向图

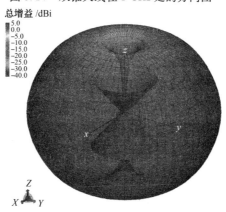

图 6.15　双锥天线 1 GHz 处的三维方向图

6.4　折合偶极子天线

6.4.1　折合偶极子天线基础

为了实现良好的辐射特性,天线需要实现与馈电传输线的良好匹配。传统的线偶极子天线的输入阻抗约为 73+j42.5 Ω。因此,偶极子可以很容易地与 50 Ω 或 75 Ω 的常用同轴线匹配。然而,在实际应用中一些其他类型的常见传输线的特性阻抗比这高得多。例如,广泛用于电视应用的双线传输线,其特性阻抗为 300 Ω。

折合偶极子天线是一个非常细的矩形环,两个长边之间的间距非常小(通常小于 0.05λ)。折合偶极子天线的几何模型如图 6.16 所示。修正的偶极子结构作为阻抗变换器,折合振子是一个平衡系统,因此通常用其两种模式进行分析[7]。在传输线模式下,环结构的两个长边的电流方向相反,而在天线模式下这些电流在同一方向。希望读者熟悉这两种模式的基本性质[7,8]。

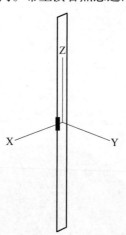

图 6.16　折合偶极子天线的模型

半波折合偶极子的重要特征是其输入阻抗等于相同长度的偶极子天线的 4 倍。考虑半波偶极子的阻抗,λ/2 折合偶极子很容易实现与双导线的匹配。此外,折合偶极子与相同长度的单个偶极子相比,具有更宽的带宽特性。

6.4.2 折合偶极子天线仿真实例

在本节中,将研究折合偶极子天线的性能,设计的工作频率为 915 MHz。天线将与输入阻抗为 300 Ω 的传输线(即双导线)相匹配。类似于前文研究的偶极子天线,需要调节偶极子的长度使其工作在所设计的频率上。对于本设计,长边之间的间距约为 0.025λ,线半径为 0.001λ。偶极子的长度设定为 0.4525λ,实现在 915 MHz 处的最佳匹配。

折合偶极子天线仿真得到的反射系数如图 6.17 所示,该设计在中心频率为 915 MHz 处得到了很好的匹配。此外,该天线的 −10 dB 反射系数带宽大约是 158 MHz(17%),此结果明显优于传统的与 50 Ω 传输线相匹配的偶极子天线。折合偶极子天线的输入阻抗曲线如图 6.18 所示。

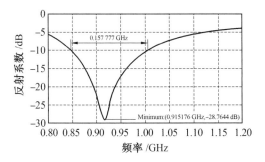

图 6.17 折合偶极子天线的反射系数

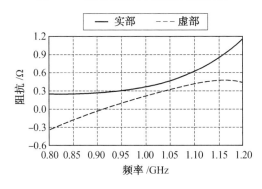

图 6.18 折合偶极子天线的输入阻抗

这些结果清晰地表明折合偶极子天线的宽带特性和阻抗转换特性。正如前面所讨论的,折合偶极子的阻抗是半波偶极子的 4 倍,约为 300 Ω。图 6.19 给出了折合偶极子的增益随频率变化的曲线。在图 6.19 中再一次观察到一个由于插值计算误差而产生的毛刺尖峰,图中折合偶极子天线的增益与单个偶极子天线的增益是一样的。这种天线也具有与偶极子天线类似的辐射特性,这一点可以通过观察天线的电流分布来说明。在 915 MHz 工作频率时天线的电流分布如图 6.20 所示,说明两个长边上电流分布为偶极子类型的电流分布。环上窄边的电流几乎为零,这一点最终导致折合偶极子天线的辐射方向图与偶极了类似。图 6.21 给出了仿真模型的网格单元顶点位置。图 6.22 给出了导线上分段计算的二维电流结果,两根导线上的峰值电流几乎相同。

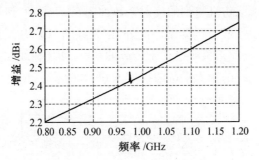

图 6.19　折合偶极子天线的增益

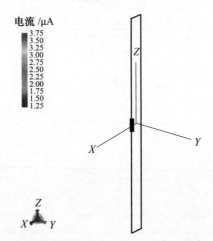

图 6.20　折合偶极子天线中心频率处的电流分布

　正如前面所讨论的,根据上述的电流分布,可以预测折合偶极子天线具有偶极子类型的辐射方向图。结果表明确实如此,图 6.23 给出工作在 915 MHz 的折合偶极子天线的三维方向图。

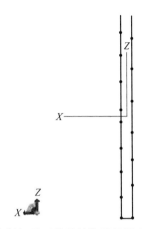

图 6.21　折合偶极子天线的结构及导线上网格顶点的位置

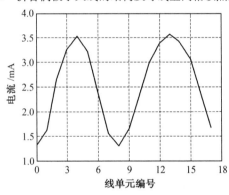

图 6.22　导线段上的峰值电流

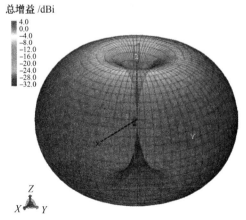

图 6.23　折合偶极子天线 915 MHz 处的三维方向图

习　题

（1）圆柱偶极子天线

根据 6.2.2 节给出的设计例子,研究当增加圆柱体的半径时对天线带宽的影响。注意,在每次增加半径时,偶极子天线的长度需要重新调整,确保谐振的中心频率。增加半径能够提高带宽吗？解释其原因。

（2）半球形偶极子天线

半球形偶极子天线是指偶极子天线的圆柱臂被半球体所取代的天线。当半球的半径选择 0.25λ 时,研究偶极子天线的性能。该天线在 CADFEKO 中的模型如图 6.24 所示。这个半球形偶极子天线能够实现比圆柱偶极子天线更宽的带宽吗？

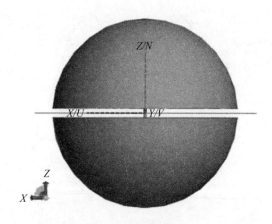

图 6.24　半球形偶极子天线

（3）锥形天线

使用 6.3.2 节中双锥天线相同的尺寸,设计一个锥形天线（单极）。在该锥形天线中,其中一个锥被替换为无限地平面,即单极子形式。请与本章中设计的双锥天线的性能进行比较。

（4）球冠形双锥天线

一种提高双锥天线的带宽的方法是在两个椎体的末端各添加一个球冠。具有球冠结构的双锥天线的几何模型如图 6.25 所示。产生的球体的半径等于锥尖到锥底的距离。研究 6.3.2 节中给出的双锥天线增加球冠后的性能。这种天线能够实现更宽的带宽吗？解释原因。

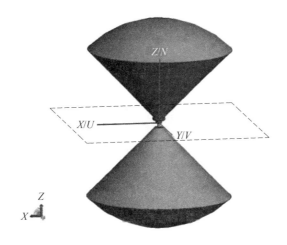

图 6.25　球冠形的双锥天线

（5）领结天线

印刷天线由于自身的低剖面而应用于许多领域之中。印刷偶极子天线可以实现与第 2 章中研究的线偶极子类似的性能,并具有结构简单,易于制造的优点。半波印刷偶极子天线如图 6.26 所示。

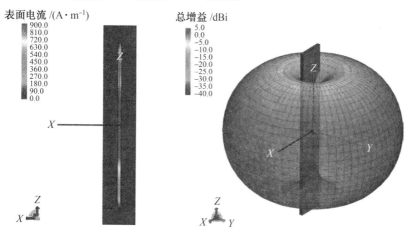

图 6.26　印刷半波偶极子天线及其三维方向图

类似于线偶极子天线,印刷偶极子天线的主要问题也是带宽较窄。另一方面,具有印刷偶极子结构的领结天线,是将偶极子的矩形臂转变为三角片。图 6.27 给出一个领结天线。

类似于双锥天线,领结天线最重要的参数是三角片的半张角。设计一个工作频率为 2.45 GHz 的领结天线,研究几何参数对天线性能的影响。这种天线能够实现更宽的带宽吗? 解释其原因。

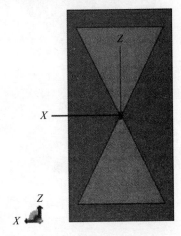

图 6.27　印刷领结天线

(6)折合偶极子天线

设计一个 UHF 半波折合偶极子天线,其工作频率为 300 MHz。与第 2 章设计的 UHF 偶极子天线的性能进行比较,证明折合偶极子的输入阻抗是偶极子天线的 4 倍。

第7章　行波与宽带天线

7.1　引　言

前面的章节研究了传统的中心馈电线天线或圆柱天线,这些结构类型的天线几乎都具有正弦形式的电流幅度分布,并有近似恒定的相位分布。然而,随着导线长度的增加,当超出传统的 $\lambda/2$ 偶极子长度时,由于导线开路端口的反射,正弦电流分布变为驻波分布。本章将研究两种非常具有实际意义的行波天线,即螺旋天线和八木天线。螺旋天线是行波天线中一个很好的例子,显示了优秀的辐射特性。它由一个或多个导体构成螺旋形状,具有宽带特性,并能够实现圆极化,在许多应用中这些性能是尤为重要的。八木天线由天线单元的线性阵列构成,其中只有一个单元被激励,阵列中的其他单元作为寄生单元,由互耦产生感应电流。本章将概述这两类天线的基本原理,并给出一些设计实例。

7.2　螺旋天线

7.2.1　基本原理和工作模式

在本节中,我们将研究一种最常用的圆极化宽带天线,即螺旋天线。它是一种基本的简单实用结构的电磁辐射器,即导线绕成螺纹的形式从而形成一个螺旋。在大多数情况下,螺旋被安装在地板上。地板可以采取不同的形式,但常用的类型是一个圆形平面,地板直径通常应该至少为 $3\lambda/4$。

螺旋的几何结构参数通常有匝数 N、直径 D 和相邻线匝的间距 S。根据上述设计参数,图 7.1(a)给出了一个螺旋天线的几何模型。图 7.1(b)所示的螺旋线的起点并不是地板的几何中心,而螺旋的轴线是地板的中心线。

螺旋天线的另一个重要几何参数是螺距角,螺距角由与螺旋线相切的直线和与螺旋轴相垂直的平面来定义。为了更好的描述这个定义,图 7.2 给出

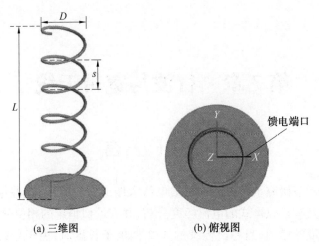

(a) 三维图   (b) 俯视图

图 7.1   螺旋天线的结构

了展开的单圈螺旋线的几何模型,其中 L_0 是单圈的长度,螺距角的表达式为

$$a = \tan^{-1}\left(\frac{S}{\pi D}\right) \qquad\qquad (7.1)$$

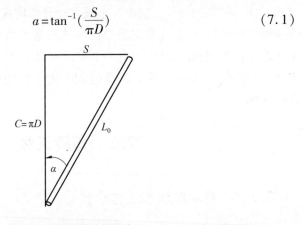

图 7.2   螺旋线的螺距角

天线的辐射特性可以通过改变几何结构尺寸与波长的比值来控制。天线一般为椭圆极化,但圆极化和线极化也可以在不同的频率范围实现。螺旋天线可以在多种模式下工作,其中两个主要模式是法向模(侧射)和轴向模(端射)。法向模的主辐射方向是垂直于螺旋轴线的平面,沿轴向几乎为 0,方向图与短偶极子或圆环的方向图形状相似。轴向模的主辐射方向为沿着螺旋的轴向,与端射阵列相似。通常轴向模(端射)天线是最具实用性的,因为它能够在较宽的频带内实现圆极化(通常是 2∶1),且效率较高。

为了实现法向模,螺旋的尺寸通常与波长相比较小。在法向模模式下,圆

极化（$AR=1$）可以通过下式来实现[7]

$$\tan a = \frac{S}{\pi D} = \frac{\pi D}{2\lambda_0} \tag{7.2}$$

在这种情况下，螺旋会产生侧向以外的各个方向的圆极化辐射。然而，正如前面所讨论的，正因为法向模螺旋的尺寸与波长相比非常小，所以这种模式的效率低、带宽窄，所以很少使用。

螺旋天线具有实用性的模式是轴向模，在这种模式下，方向图只有一个端射方向的主瓣。为了达到这个目标，螺旋直径和间距需要与波长相比拟。我们已经得到了用于确定轴向模条件下螺旋结构参数的经验公式[7,8,19]，这些设计准则总结如下

$$\frac{3}{4} \leqslant \frac{C}{\lambda_0} \leqslant \frac{4}{3} \left(\frac{C}{\lambda_0} = 1 \text{ 认为是最优值} \right) \tag{7.3}$$

$$S \approx \frac{\lambda_0}{4} \tag{7.4}$$

$$12° \leqslant \alpha \leqslant 14° \tag{7.5}$$

7.2.2　螺旋天线在 FEKO 中的全波仿真实例

本节利用 FEKO 软件对螺旋天线进行仿真，在 CADFEKO 设计环境下建立仿真模型。由于 FEKO 具有直接可用的"创建圆弧"选项，因此设计一个螺旋天线模型是相对简单的。图 7.3 为 CAD FEKO 中螺旋参数的设定。

常用的螺旋一般被设计为每匝是等半径的，而在 FEKO 中有形成一个锥形螺旋的选项。在螺旋天线设计中其他必要的部分还包括馈电线和一个圆形地板。一旦这三个部分设计完成，它们必须合并在一起，以确保天线在开始仿真前网格的正确划分。在下一节中，我们将设计并研究法向模和轴向模的特高频（UHF）螺旋天线。

7.2.3　法向模螺旋天线

螺旋天线处于法向模时，天线的最大辐射方向在垂直于螺旋轴线的平面上，而沿其轴线方向辐射最小。为实现法向模，螺旋的尺寸应该小于波长。这里选择一个总长度 0.2λ 的两匝螺旋，地板的直径设定为 0.25λ，连接螺旋与地板的线长度为 0.001λ。螺旋天线的几何模型如图 7.4 所示。图 7.5 给出了螺旋天线的方向图和增益，可以看出最大的辐射方向垂直于螺旋轴线。

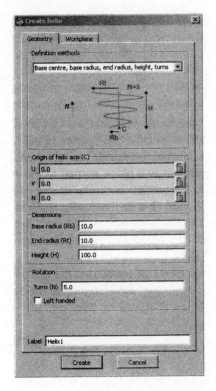

图 7.3　CADFEKO 中螺旋参数的设定

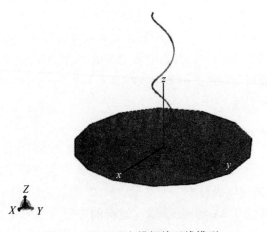

图 7.4　UHF 法向模螺旋天线模型

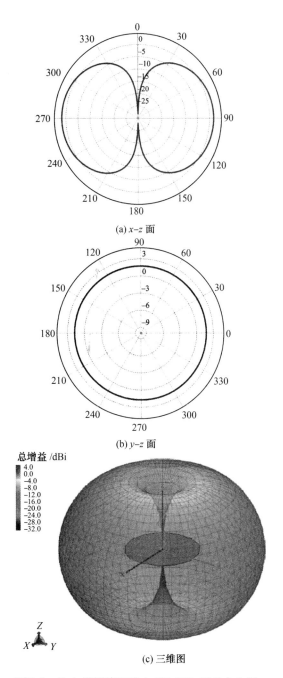

(a) x–z 面

(b) y–z 面

(c) 三维图

图 7.5　法向模螺旋天线在 900 MHz 时的方向图

　　图 7.6 为随频率变化螺旋天线的增益和输入阻抗,除了增益较低之外,法向模螺旋天线的工作带宽显然是很窄的。事实上,因为辐射特性主要依靠几何尺寸,而天线尺寸与波长相比必须非常小,这就造成了法向模螺旋天线的带宽非常窄以及辐射效率非常低。在实际应用中,由于这些局限使得这种模式的螺旋天线很少被使用。

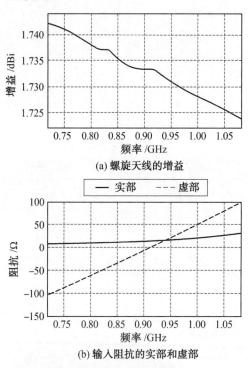

(a) 螺旋天线的增益

(b) 输入阻抗的实部和虚部

图 7.6　螺旋天线的增益与输入阻抗

7.2.4　轴向模螺旋天线

　　正如前面所讨论的,螺旋天线在实际应用中的模式通常为轴向模或称为端射模。为研究轴向模螺旋的性能,在这里选择一个总长度为 1.61λ 的七匝螺旋天线,设计工作频率为 300 MHz,螺旋的半径设置为 $\lambda/2\pi$[7],地板直径设置为 0.6λ,连接螺旋与地板的线长度为 0.15λ。螺旋天线的几何模型如图 7.7 所示。螺旋位于圆形地板的中心,所以俯视图中地板的中心与螺旋轴线是重合的。

　　导线上的电流分布和螺旋天线的方向图如图 7.8 所示。对于轴向模,波束方向是沿着螺旋轴线的。

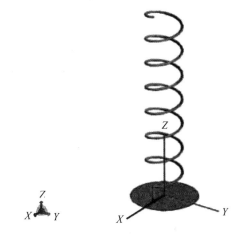

图 7.7　UHF 轴向模螺旋天线模型

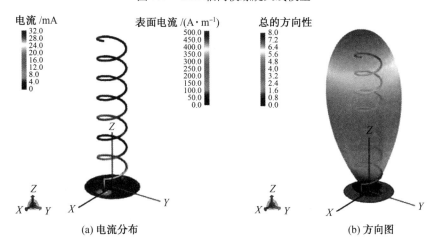

(a) 电流分布　　　　　　　　　(b) 方向图

图 7.8　螺旋天线在 300 HMz 时的电流分布与方向图

此螺旋天线设计为右旋圆极化辐射。图 7.9(a)给出了随频率变化的增益曲线。在工作频带内交叉极化增益(左旋圆极化)比主极化至少低 15 dB。图 7.9(b)给出了输入阻抗的实部和虚部。在频带范围内阻抗几乎是稳定的,说明这种螺旋天线具有宽带特性。一般来说,输入阻抗非常依赖于螺距角和导线的尺寸,特别是在馈电点附近,可以调节它们的值来调节输入阻抗。然而在实际应用中,当利用 50 Ω 传输线进行馈电时,还需要进行进一步的调节[7,8]。

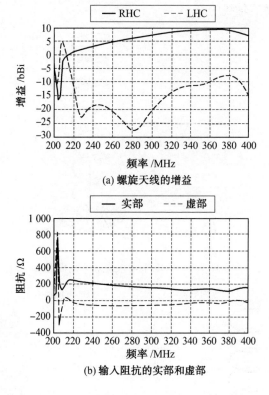

(a) 螺旋天线的增益

(b) 输入阻抗的实部和虚部

图 7.9　螺旋天线的增益与输入阻抗

7.2.5　各种地板形状的螺旋天线

在已经提出的不同形状的螺旋天线地板中,一个最具实际价值的是杯形地板,也就是圆柱或棱椎体形状的空腔。这里我们将对基于文献[19]的杯状地板进行研究。图 7.10 给出了这种螺旋天线的几何模型。圆柱形腔体高度对应中心频率波长的 3/8。

这种螺旋天线的辐射方向图如图 7.11 所示,可获得更高的方向性系数(这里方向性系数为 12.5,上一节中天线的方向性系数为 8.0)。另外,方向图的轻微倾斜得到了修正,波束完全精确地处于了端射方向。图 7.12(a)给出了 300 MHz 时该螺旋天线的主极化和交叉极化方向图。该设计实现了非常低的交叉极化。图 7.12(b)给出了端射方向轴比随频率变化的曲线。该螺旋天线在整个工作频带内保持低交叉极化特性。

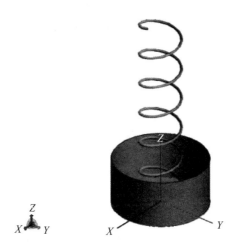

图 7.10　UHF 螺旋天线模型(Kraus 设计)

　　图 7.13(a)给出了天线增益随频率变化的曲线。类似于前面的设计,在工作频带内交叉极化增益(左旋圆极化)比主极化至少低 15 dB。输入阻抗的实部和虚部如图 7.13(b)所示。前面已经讨论过设计螺旋天线的一个难点就是实现与 50 Ω 传输线相匹配。

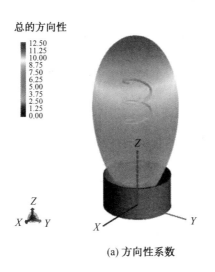

总的方向性

| 12.50 |
| 11.25 |
| 10.00 |
| 8.75 |
| 7.50 |
| 6.25 |
| 5.00 |
| 3.75 |
| 2.50 |
| 1.25 |
| 0.00 |

(a) 方向性系数

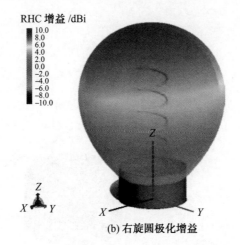

(b) 右旋圆极化增益

图 7.11　螺旋天线在 300 MHz 时的方向图

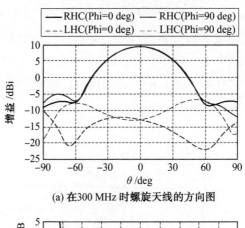

(a) 在 300 MHz 时螺旋天线的方向图

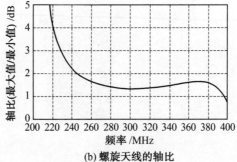

(b) 螺旋天线的轴比

图 7.12　螺旋天线的方向图与轴比

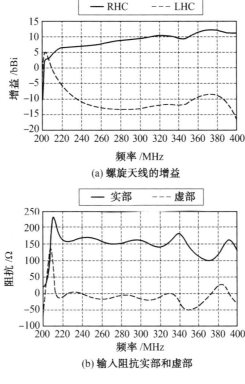

(a) 螺旋天线的增益

(b) 输入阻抗实部和虚部

图 7.13　螺旋天线的增益与输入阻抗

7.3　八木宇田天线

7.3.1　八木天线基础

从天线理论可知阵列天线可以用来增加方向性,一个阵列中的所有有源器件都需要利用馈电网络与每个阵元直接相连。另一方面,如果需要被馈电的单元数目降至最低,馈电网络就可以做到很大程度上的简化。一般来说,所有无源阵元构成的阵列被称为寄生阵列[7,8]。典型的平行偶极子构成的线性寄生阵列是八木宇田天线(阵列)。八木天线的基本工作原理是使用寄生的引向器和反射器使天线的主波束指向所需的方向。文献[8]利用阵列理论进行了讨论,鼓励读者进一步研究从而对寄生单元的基本理论有更好的理解。这里将对反射器和引向器单元对偶极子天线的影响进行讨论。

考虑一个二元线性偶极子阵列,偶极子间距为 0.04λ。有源激励单元振子长度为 0.4781λ,寄生阵元振子长度为 0.49λ,这两个阵元的线半径为 0.001λ。该二元偶极子阵列的几何模型与导线上的电流分布如图 7.14 所示。激励阵元放置于 x–y 平面坐标系的中心。

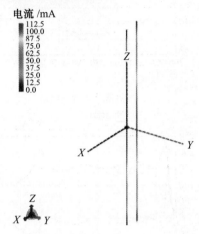

图 7.14　由一个激励阵元和一个反射器构成的二元偶极子阵列

由于两个阵元之间的耦合效应,寄生阵元上也出现了强电流。这个偶极子阵列的方向图如图 7.15 和图 7.16 所示。

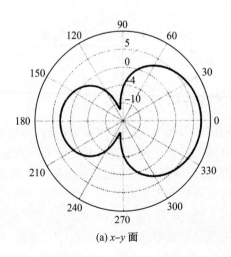

(a) x–y 面

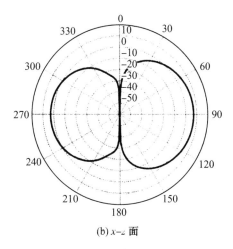

(b) x-z 面

图 7.15 二元阵列的方向图

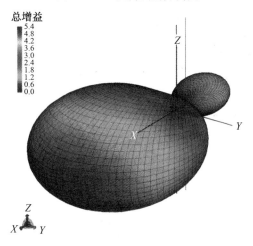

图 7.16 二元偶极子阵列的三维方向图

  仿真结果表明,略大的寄生阵元引导了阵列的主波束呈端射方向。因为位于$-x$轴的寄生阵元将波束引导为$+x$轴方向,所以称它为反射器,需要注意的是这里的反射器长度大于激励阵元的长度。

  现在考虑这样一个二元线性偶极子阵列,偶极子间距依然为0.04λ,激励阵元长度为$0.478\,1\lambda$,阵元的线半径均为0.001λ。然而寄生阵元的长度改为0.45λ。该二元偶极子阵列的几何模型与导线上的电流分布如图7.17所示。激励阵元依然放置于x-y平面坐标系的中心,但是寄生阵元被放置在激励阵元的前面,位于$+x$轴。

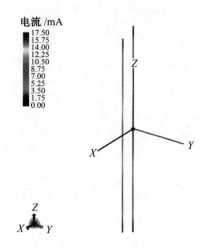

图 7.17　由一个激励阵元和一个引向器构成的二元偶极子阵列

同样地,由于两个阵元之间的耦合效应,寄生阵元上也出现了强电流。这个偶极子阵列的方向图如图 7.18 和图 7.19 所示。仿真结果表明,略小的寄生阵元引导了阵列的主波束呈端射方向。既然位于+x 轴的寄生阵元将波束引导为+x 轴方向,所以称它为引向器,需要注意的是这里的引向器长度小于激励阵元的长度。

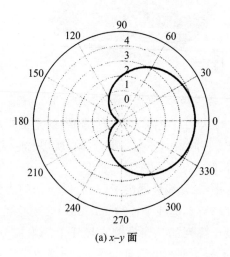

(a) x–y 面

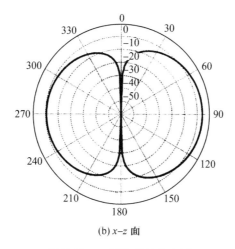

(b) x–z 面

图 7.18　二元阵列的方向图

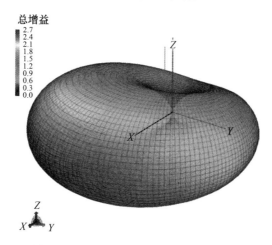

图 7.19　二元偶极子阵列的三维方向图

由反射器和引向器分别独立产生了端射波束,这是八木天线阵列实现高增益端射辐射的主要原因。增加寄生单元能够增加阵列增益,但是大多数情况下一个反射器就足够了,可以增加引向器的数量以获得更高的增益。由于八木天线阵列的阵元之间强烈的互耦作用,无法得到直接的设计公式,但是文献[7,8]给出了一些设计准则,接下来讨论一些不同性能的设计案例。

7.3.2　三元八木天线阵列

本节给出一个简单的三元阵列,由一个有源阵子和两个寄生阵子构成。

这些偶极子的间隔为 0.04λ, 所有的线半径均为 0.001λ, 激励阵元长度为 0.4781λ, 反射器长度为 0.49λ, 引向器长度为 0.45λ。该八木偶极子阵列的几何模型与导线上的电流分布如图 7.20 所示。图 7.21 和图 7.22 给出了这种偶极子阵列的辐射方向图。

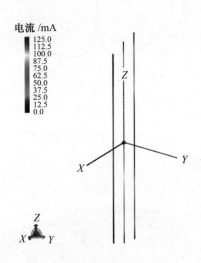

图 7.20　三元八木偶极子阵列

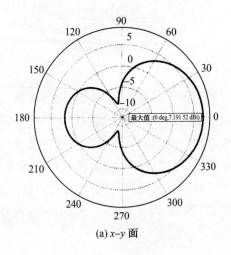

(a) x-y 面

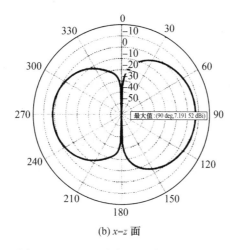

(b) x–z 面

图 7.21　三元八木偶极子阵列的方向图

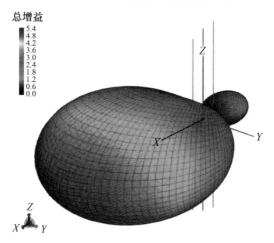

图 7.22　三元八木偶极子阵列的三维方向图

　　这种简单的三元结构清晰地揭示了寄生单元在八木阵列中起到的作用。天线增益为 7.2 dB,与一个孤立的偶极子相比增益有了很大的提高。如同前面所讨论的,通过增加阵列中引向器的数量,还有进一步增大增益的可能性。

　　仿真结果表明,略大的寄生阵元引导了阵列的主波束呈端射方向。由于位于 −x 轴的寄生阵元将波束引导为 +x 轴方向,所以它是反射器。反射器的长度是大于激励阵元长度的。

7.3.3 十五元八木天线阵列

为了验证增加引向器的数量可以提高八木天线的增益,我们对一个十五元八木天线阵列进行研究,这个天线阵列包括一个激励阵元,一个反射器和十三个引向器[7]。激励阵元长度为 0.47λ,反射器长度为 0.5λ,所有的引向器长度均为 0.406λ,反射器与激励阵元的间距为 0.25λ,所有相邻的引向器之间的间距为 0.34λ,所有的阵元线半径均为 0.003λ。该八木偶极子阵列的几何模型与导线上的电流分布如图 7.23 所示。图 7.24 和图 7.25 给出了这种偶极子阵列的辐射方向图。

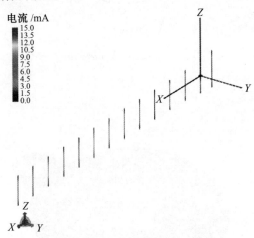

图 7.23　十五元八木偶极子阵列

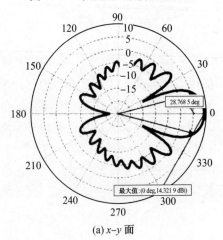

(a) x-y 面

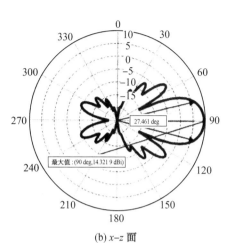

(b) x–z 面

图 7.24 十五元八木偶极子阵列的方向图

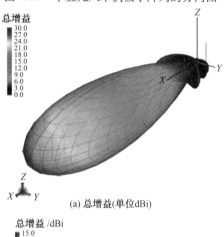

(a) 总增益(单位dBi)

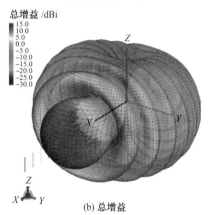

(b) 总增益

图 7.25 十五元八木偶极子阵列的三维方向图

这个十五元天线阵列的增益约为 14.3 dB。如前所述,增加引向器的数量能够提高八木天线的增益,然而,在这个例子中能够观察到,在设计中超出了一定数量后出现了饱和效应,八木天线最大的引向器数量应为六到十二个引向器。

另一个值得关注的问题是八木阵列的带宽。一般来说,这些天线是谐振式结构的,不能够实现宽频带带宽。图 7.26 和图 7.27 给出了天线的增益和反射系数随频率变化的曲线。该天线的中心频率为 300 MHz,所有的尺寸都是按照波长的倍数给出的,因此可以根据这个例子按比例重新调整。

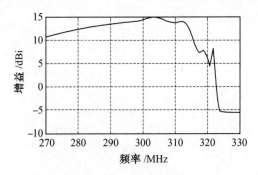

图 7.26　十五元八木偶极子阵列的增益

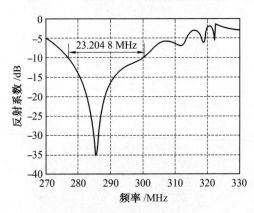

图 7.27　十五元八木偶极子阵列的反射系数(端口阻抗为 50 Ω)

7.3.4　优化的六元八木天线阵列

在前文提出的设计例子中,所有引向器阵元的长度和相邻间距保持不变。大量研究已经表明,阵列的辐射特性可以通过控制阵列的几何参数进行调整。

鉴于八木阵列并不存在实际公式,常用的设计方法是使用优化技术。在这里,将给出一个优化后的八木偶极子阵列的特性,所有阵元长度和引向器间距已经进行了优化。这个六元八木阵列优化后的尺寸参数,如图 7.28 所示。

六元八木阵列的方向性优化($a = 0.003\ 369\lambda$)

	l_1/λ	l_2/λ	l_3/λ	l_4/λ	l_5/λ	l_6/λ	S_{21}/λ	S_{32}/λ	S_{43}/λ	S_{54}/λ	S_{65}/λ	方向性系数
原始阵列	0.510	0.490	0.430	0.430	0.430	0.430	0.250	0.310	0.310	0.310	0.310	10.93 dB
间隔优化后	0.510	0.490	0.430	0.430	0.430	0.430	0.250	0.298	0.406	0.323	0.422	12.83 dB
间隔和长度优化后	0.472	0.452	0.436	0.430	0.434	0.430	0.250	0.298	0.406	0.323	0.422	13.41 dB

图 7.28　优化后的六元八木偶极子阵列[7]

该优化后的八木偶极子阵列的几何模型与导线上的电流分布,如图 7.29 所示,这里 l 是每个偶极子的长度,S 是偶极子的距离。

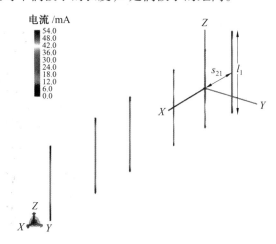

图 7.29　优化后的六元八木偶极子阵列

图 7.30 和图 7.31 给出了这种偶极子阵列的辐射方向图。这个优化后的六元天线阵列的增益约为 13.25 dB,已经很接近文献[7]中的数值。图 7.32 和图 7.33 给出了天线的增益和输入阻抗随频率变化的曲线。与十五元阵列类似,本例的中心频率设定为 300 MHz。

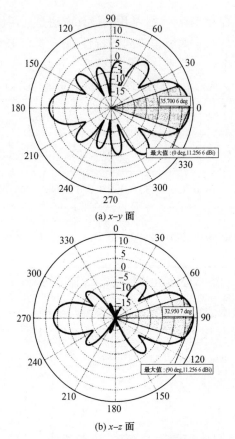

(a) *x–y* 面

(b) *x–z* 面

图 7.30　优化后六元八木偶极子阵列的方向图

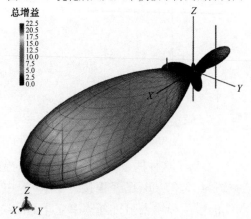

图 7.31　优化后的六元八木偶极子阵列的方向图

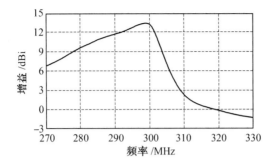

图 7.32　优化后的六元八木偶极子阵列的增益

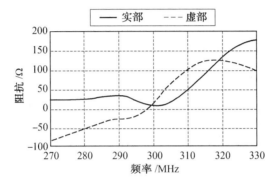

图 7.33　优化后的六元八木偶极子阵列的输入阻抗

习　　题

（1）设计一个轴向模螺旋天线

设计一个轴向模螺旋天线,工作频率为 5 GHz。研究螺旋匝数(N)对天线的增益和轴比的影响。提高匝数能改善螺旋天线的性能吗？证明之。

（2）对 Kraus 的螺旋天线模型参数的研究

对于图 7.9 中给定的结构,改变地板的大小和腔体壁的高度,研究这些参数对输入阻抗和方向图的影响。

（3）锥形地板螺旋天线模型

将习题（2）中的圆柱形地板改为锥形地板结构,这个结构的几何模型如图 7.34 所示。研究锥体参数对螺旋天线性能的影响。这种地板能够比圆柱形地板实现更好的性能吗？解释答案。

图 7.34　锥形地板螺旋天线

（4）介质加载的螺旋天线

对图 7.9 所示的结构,在螺旋中插入一根介质圆柱,研究介电常数从 1 到 10 对天线增益、方向性和输入阻抗的影响。

（5）设计一个螺旋天线阵列

使用 7.2.4 中的轴向模 UHF 螺旋天线作为阵元,如图 7.35 所示设计一个 2×2 阵列天线。假设每个阵元端口的输入阻抗为 200 Ω。用幅度为 1 的电压源对所有端口进行激励,研究端口相位对螺旋天线阵列的影响。研究对馈电端口分配相位激励以便提高极化纯度(对于圆极化)。

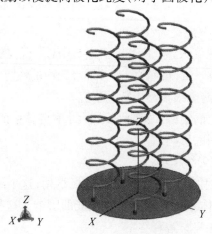

图 7.35　四元螺旋天线阵列

（6）设计一个八木偶极子阵列

设计一个六元八木偶极子阵列天线，对所有的引向器和之间的间距使用一个固定值。将这些结果与图 7.28 所示的优化后的阵列进行比较，解释现象。

（7）设计一个圆极化八木阵列

使用交叉偶极子阵元设计一个六元八木阵列天线。交叉偶极子包括两条导线与两个端口，两个端口之间的相位差为 90°以便实现圆极化，天线的几何模型如图 7.36 所示。

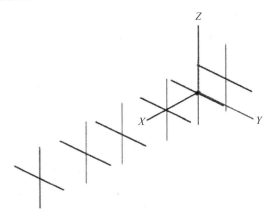

图 7.36　圆极化交叉偶极子八木阵列天线

第8章 非频变天线

8.1 引　言

宽带通信系统中的天线需要覆盖很宽的带宽,在某些情况下的带宽比甚至能够达到40∶1。前面章节设计的天线都无法达到这样的宽带辐射性能。在这一章里将研究一种非频变天线。

如果一种天线具有①特性依靠角度而不是长度变化;②具有自互补结构;③较粗导体等特点,那么该天线就有可能具有宽带特性[8]。

非频变天线理想情况下应该全部满足上述条件,但天线如果只满足上述部分条件,仍然有可能具有宽带特性。此外,非频变天线一个非常重要的特性是具有自缩放的几何结构,具有这种结构时,天线大部分的电磁波辐射出自具有谐振长度(或周长)的区域,这部分区域称为有源区。通常情况下,非频变天线可以分为两类:平面螺旋天线和对数周期天线。在这一章里,首先回顾这些天线的基本结构,然后将进行一些设计举例。

8.2 平面螺旋天线

8.2.1 平面螺旋天线基础

平面螺旋天线通常具有自互补的结构特征,所以具有宽带特性。这种天线可以构造成许多种形式,例如等角螺旋、阿基米德螺旋、矩形螺旋和圆锥等角螺旋等。这些设计中最重要的基础是等角平面结构,在这里做简要的介绍。

等角螺旋曲线可以由下列公式生成

$$r = r_0 e^{a\varphi} \tag{8.1}$$

式中　r_0——$\varphi = 0$ 时的半径;

a——常数。

a 的正(负)号意味着螺旋是右旋(左旋)的。如图 8.1 所示为一个右旋等角螺旋曲线。

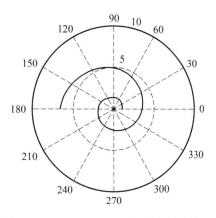

图 8.1 $r_0 = 1, a = 0.2$ 时的等角螺旋曲线

这个螺旋曲线用于创建平面等角螺旋天线,通常具有两个臂,每个臂由两条螺旋曲线所构成。这里给出设计一个 1.5 圈的等角螺旋臂的步骤,其中 $a = 0.221$,则

$$r_1 = r_0 e^{a\varphi} \qquad r_2 = r_0 e^{a(\varphi - \frac{\pi}{2})} \tag{8.2}$$

这两条等角螺旋曲线如图 8.2(a) 所示。在图中 $\varphi = 3\pi$,半径(R)为 $8.03 r_0$,r_0 设置为 1。外半径决定了下边带频率(即 $\lambda_L/4$);上边带频率由馈电点处的半径决定(即 $\varphi = 0$),这里 $r_0 = \lambda_U/4$。这种设计可以实现 8 : 1 的带宽。为了截取带有平滑弧角的曲线,使用了外半径为 R 的圆,就是如图 8.2(b) 所示的虚线。

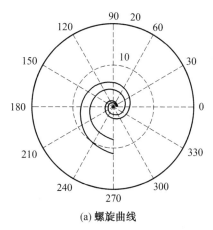

(a) 螺旋曲线

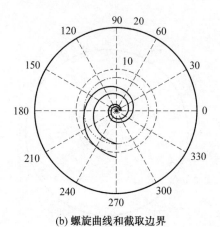

(b) 螺旋曲线和截取边界

图 8.2　单臂等角螺旋曲线

图 8.3 给出了最后得到的等角螺旋臂模型。对于螺旋天线的外边界,可以用椭圆代替圆已达到平滑的截取。毗邻的第二个臂可以由已得到的臂旋转 180 度获得。读者可以从文献[7,8]中得到对于这种螺旋天线的其它几种实用设计方案。在下一节中我们将分别对两种不同类型的双臂螺旋天线进行性能的演示。

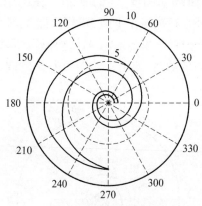

图 8.3　单臂最终模型

8.2.2　等角螺线天线举例

在本节中,我们将设计一个频带为 500 MHz 至 1 GHz 的平面等角螺旋天线,并对其性能进行研究。在 FEKO 中建立的天线几何模型如图 8.4 所示。这个等角螺旋天线有 2.13 圈。内外直径分别为 4 cm 和 69 cm。边缘端口设置为天线的馈电点。端口的放大图如图 8.5 所示。图 8.6 是仿真得到的天线输入阻抗。可以看到在整个频带内阻抗的实部和虚部是平滑变化的,表明了这种天线设计的非频变特性。

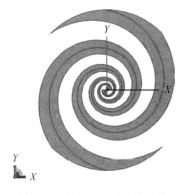

图 8.4　等角螺旋天线的结构

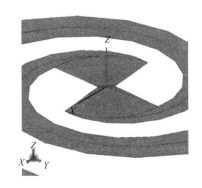

图 8.5　馈电点的放大图

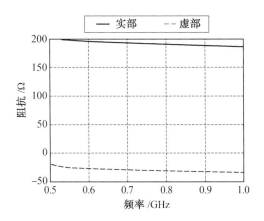

图 8.6　等角螺旋天线的输入阻抗

该天线的增益随频率变化的曲线如图 8.7 所示。需要注意的是,在整个频带内增益的变化约为 1.5 dB。这个螺旋天线是双向辐射的,在侧向具有两个波束。更重要的是,螺旋天线的方向图在整个频带内相当稳定。整个频带内该螺旋天线的三维辐射方向图如图 8.8 所示。

8.2.3　矩形螺旋天线举例

双臂螺旋天线的另一个例子是矩形平面螺旋天线,这里将研究一个频带

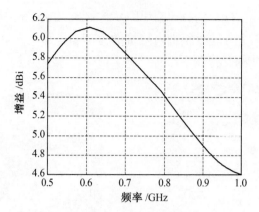

图 8.7   等角螺旋天线的增益

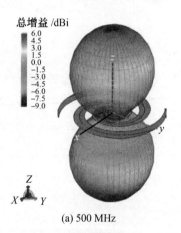

(a) 500 MHz

(b) 750 MHz

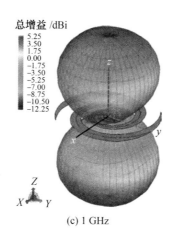

(c) 1 GHz

图8.8 等角螺旋天线的三维方向图

为500 MHz 至 2 GHz 的天线的性能。在 FEKO 中建立的矩形螺旋天线的几何模型如图8.9 所示。

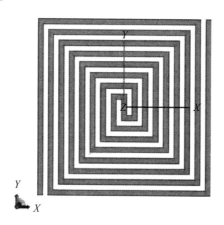

图8.9 FEKO 中矩形螺旋天线的结构

这个矩形螺旋天线有4圈,内外直径(边长)分别是1.8 cm 和21 cm。类似于等角螺旋的设计,边缘端口设置为天线的馈电点。图8.10 和图8.11 分别给出了仿真得到的天线输入阻抗和增益随频率变化的曲线。和上一节所讨论的天线一样,该平面螺旋天线具有双向辐射的方向图,在整个频带相当稳定。整个频带内该螺旋天线的三维辐射方向图如图8.12 所示。

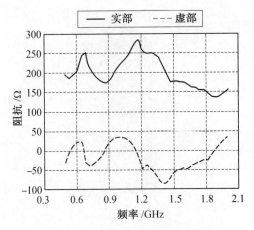

图 8.10　矩形螺旋天线的输入阻抗

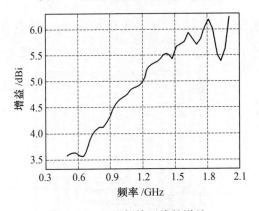

图 8.11　矩形螺旋天线的增益

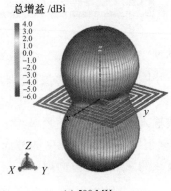

(a) 500 MHz

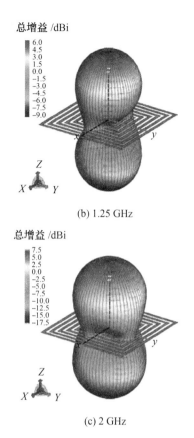

(b) 1.25 GHz

(c) 2 GHz

图 8.12 矩形螺旋天线的三维方向图

8.3 对数周期天线

8.3.1 对数周期天线原理

在前一节对螺旋天线的研究中清楚地证明,一方面依靠角度变化的天线能够产生宽带特性,另一方面,这些天线结构的建造具有一定的难度,而引入具有直边界的简单几何图形可以减轻天线制作的难度。对数周期结构就是一种设计比较简单的几何图形,其阻抗是作为频率的对数周期重复的。现在已提出多种对数周期天线,例如锯齿平面天线,锯齿楔形天线,锯齿梯形楔形天线,曲折(之字形)线天线和对数周期偶极子阵列(LPDA)。最后一种对数周期偶极子阵列是一种非常实用和简单的对数周期天线模型,这里将简要介绍其设计过程。

图 8.13 给出了一个对数周期偶极子阵列的几何模型。其中一个偶极子被直接馈电,其它的偶极子被连接在 LPDA 传输线上,形成了一个对角为 α 的虚拟的楔形结构,这个结构控制了偶极子的长度。LPDA 的所有参数由比例因子 τ 决定,τ 定义为

$$\tau = \frac{R_{n+1}}{R_n} = \frac{L_{n+1}}{L_n} \tag{8.3}$$

这里 τ 是小于 1 的。注意,阵元位置和阵元长度的比值是相等的。LPDA 的间距因子定义为

$$\sigma = \frac{d_n}{2L_n} \tag{8.4}$$

在文献[8]中最终可以得到

$$\tau = \frac{R_{n+1}}{R_n} = \frac{L_{n+1}}{L_n} = \frac{d_{n+1}}{d_n} \tag{8.5}$$

如果组成 LPDA 的线半径可以取不同值,那么线半径也建议按比例因子 τ 来决定。按照这种设计方法,第一个偶极子的长度(L_1)决定了下边带的频率(例如 $\lambda_L/2$),类似的最后一个偶极子的长度(L_N)决定了上边带的频率(例如 $\lambda_U/2$)。对数周期偶极子宽带天线阵列具有非常简单的结构,并且重量轻、成本低,这些特点使得它广受欢迎。

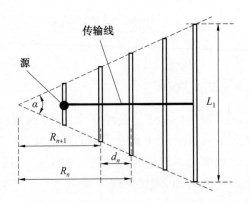

图 8.13 对数周期偶极子阵列的结构

8.3.2 对数周期偶极子天线举例

作为设计实例,在这里对一个十二元 LPDA 天线进行设计,其工作频带为 35 MHz 至 60 MHz。设计中比例因子 τ 为 0.93,σ_0,r_0,L_0 分别为 0.7,0.006 67 和 2 m。线半径由 r_n 依比例确定。这里的 LPDA 传输线是连接所有偶极子端口的非辐射网络。传输线的特性阻抗为 50 Ω。电压源被放置在最短的偶极子的中心,也就是坐标系的原点。图 8.14 给出了连接所有偶极子端口和传输线的网络原理图模型。这个网络设定了十二个端口,通过十一条传输线连接在一起。

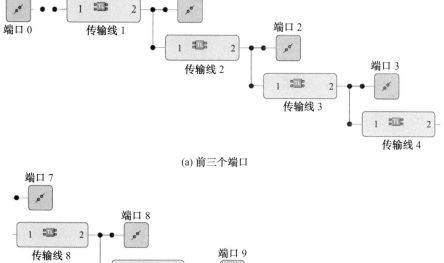

(a) 前三个端口

(b) 网络的终端阵元

图 8.14 连接所有 LPDA 端口的非辐射网络

　　如图 8.15 所示为这种 LPDA 天线的几何模型,将各个偶极子端口连接在一起的馈电网络是非辐射的(图 8.14),因此它不是物理建模。正如前面所讨论的,这种天线的有源区域是随频率变化的。为了说明这一点,图 8.16 给出了偶极子在极限频率处的电流分布。从图中可以看出,在下限频率,电流主要分布在较长的偶极子;在上限频率,电流分布转移到了较短的偶极子。

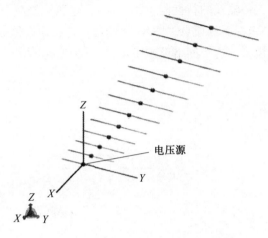

图 8.15　对数周期偶极子阵列的结构

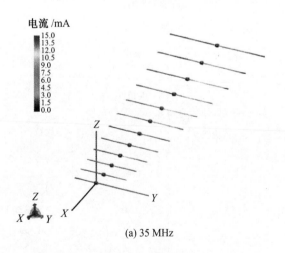

(a) 35 MHz

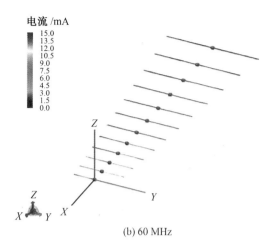

(b) 60 MHz

图 8.16　对数周期偶极子阵列上的电流分布

　　图 8.17 给出了这种天线的输入阻抗。在整个频带内阻抗的实部约为50 Ω，虚部几乎为 0。正如前面所讨论的，在带宽内阻抗几乎恒定表明该天线具有宽带特性。阻抗约为 50 Ω 这一点使得该天线易于应用常用的 50 Ω 同轴电缆进行馈电。图 8.18 为天线端口的反射系数。

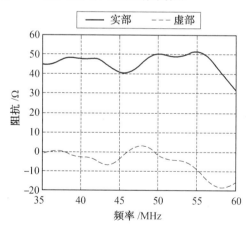

图 8.17　对数周期偶极子阵列的输入阻抗

　　随频率变化的天线增益如图 8.19 所示。在整个频带的增益变化值约1 dB左右。这些宽带特性清晰地说明了 LPDA 天线广泛应用于宽带系统之中的原因。

　　类似于八木天线，LPDA 天线的波束是处于端射方向的。如图 8.20 所示

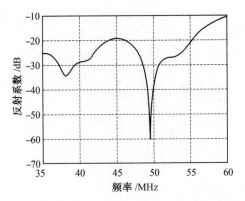

图 8.18　对数周期偶极子阵列在端口 0 处的反射系数

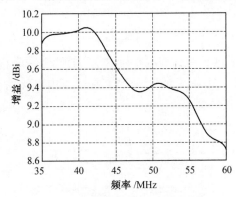

图 8.19　对数周期偶极子阵列的增益

为两个极限频率时 LPDA 天线的三维辐射方向图。虽然后瓣有一些差异，但这两个频率的主波束是很相近的。

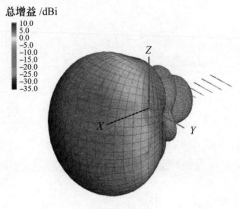

(a) 35 MHz

总增益/dBi

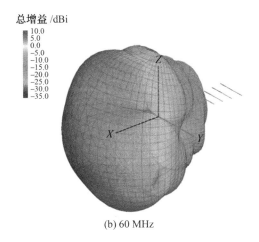

(b) 60 MHz

图 8.20　对数周期偶极子阵列上的方向图

习　　题

（1）背腔（背射）螺旋天线

将 8.2 节中设计的等角螺旋天线放置在图 8.21 所示的一个直径为 75 cm 的理想电导体（PEC）圆柱腔顶部，分析腔高度对辐射性能的影响。

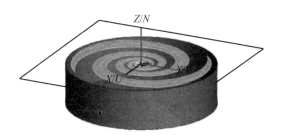

图 8.21　背腔（背射）螺旋天线

（2）对数周期偶极子

按照 8.3 节中给出的设计过程，设计一个频带为 54～216 MHz 的对数周期偶极子天线，这是甚高频（VHF）电视和调频（FM）广播应用的频带，带宽比为 4∶1。

第 9 章　喇叭天线

9.1　引　言

喇叭天线在频率大于 1 GHz 的微波领域应用广泛。它能够实现高增益、低回波损耗，以及较宽的带宽，并且结构简单。大型射电天文学、卫星跟踪以及全球通信系统中，喇叭天线被广泛用作馈源。喇叭天线除了在反射面和透镜天线中可以作为馈源外，也是相控阵的通用元件，同时可作为一种通用的校准标准和其他高增益天线的增益测量标准。

实际应用中，电磁喇叭的类型很多，最常用的是锥体和圆锥喇叭天线。在本章中，为了解波导喇叭开口的优势，首先探讨扇形喇叭天线的性能。接下来，详细研究锥体喇叭天线。最后介绍其他实用天线的结构，如圆锥喇叭天线、多模波特喇叭天线和波纹圆锥喇叭天线。

9.2　扇形喇叭天线

喇叭天线类似于一个扩音器，即向外扩张的喇叭结构提供了波的方向性。它通常是由一个波导馈电，张角结构实现从波导模式到自由空间模式的转变。对于扇形喇叭天线，波导仅在一个方向向外辐射。如果波导沿宽面向外张开，这种结构被称为 E 面扇形喇叭，换句话说，E 面扇形喇叭是沿电场方向张开。另外，H 面扇形喇叭的波导沿窄面张开而宽边不变，E 面和 H 面的扇形喇叭天线在图 9.1 给出。

在 FEKO 软件中创建扇形（或锥体）喇叭天线的物理模型，需要创建两个几何结构：

（1）波导部分，可以通过定义长方体很容易获得；

（2）喇叭天线的张角部分，它可以定义一个喇叭产生。

FEKO 用户建立这两个几何结构的界面如图 9.2 所示。当喇叭天线的尺寸已知时，创建几何结构是非常简单的。完成这两种结构的创建，需要把二者

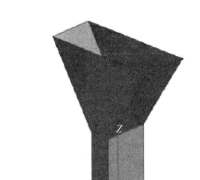 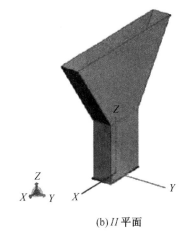

(a) E 平面   (b) H 平面

图 9.1   扇形喇叭天线的几何模型

结合在一起,并适当删除波导管与喇叭的一些面来完成波导馈电喇叭天线的几何模型。

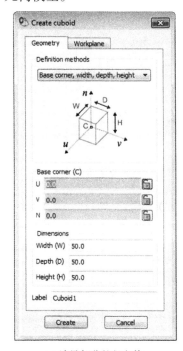 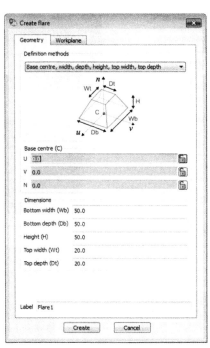

(a) 波导部分的长方体   (b) 喇叭展开部分的结构

图 9.2   FEKO 喇叭天线创建

首先定义一个波导端口为天线馈电。波导端口是波导部分的末端,模型如图9.3(a)所示。一旦定义了端口,设置一个波导激励来激发本征模模式,如图9.3(b)所示。波导尺寸的设定应该保证要求的模式能传播。

为了解这些结构的辐射性能,我们将研究两种 X 波段扇形喇叭天线。X 波段波导的标准尺寸(即 WR－90 波导)为 0.9×0.4 英寸(22.86 mm×10.16 mm)。两种喇叭天线的长度设置为3.82 cm。E 面和 H 面扇形喇叭天线的张角宽度分别为5.72 和7.74 cm。角锥喇叭天线上述尺寸的选择会在后面研究,这两个扇形喇叭天线的辐射方向图如图9.4 所示。

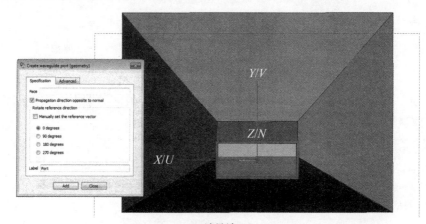

(a) 波导端口

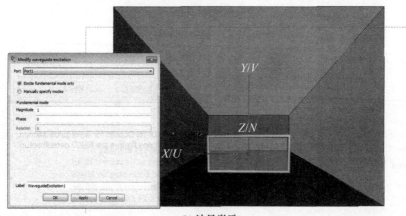

(b) 波导激励

图 9.3　喇叭天线激励:波导端口和波导激励

与期望值一致,两种设计的波束在张开面较窄。此外,E 面扇形喇叭辐射

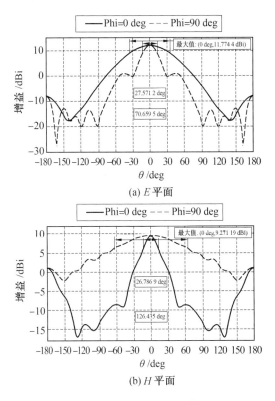

(a) E 平面

(b) H 平面

图 9.4 扇形喇叭天线辐射图

图显示有较高的旁瓣电平[7]。这些喇叭天线的三维辐射图如图 9.5 所示。

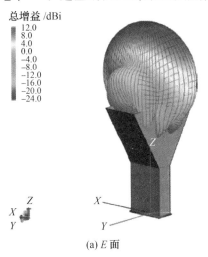

(a) E 面

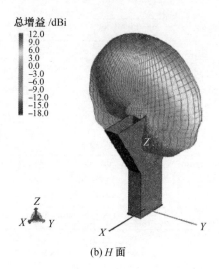

(b) H 面

图 9.5　扇形喇叭天线的三维辐射图

9.3　角锥喇叭天线

最常见的喇叭天线类型是角锥喇叭，它沿波导的两个方向同时张角，其辐射特性基本上是一个 E 面扇形喇叭和 H 面扇形喇叭的组合。角锥喇叭横截面的示意图如图 9.6 所示。

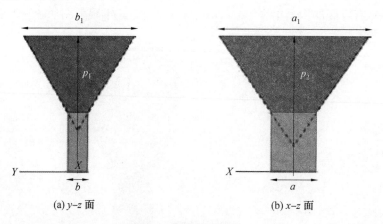

(a) y–z 面　　　　　　　　　　(b) x–z 面

图 9.6　角锥喇叭截面

利用等效原理研究在喇叭天线孔径上的电磁场分布。该天线的辐射图是通过等效正切电流的远场变换确定的。根据矩形波导的基次模，电流密度和

磁流密度的幅度沿孔径宽边方向呈余弦分布,相位在宽边和窄边方向均有平方变化。其数学公式为

$$E'_y(x',y') = E_0 \cos\left(\frac{\pi}{a_1}x'\right) e^{-j[k(x'^2/\rho_2 + y'^2/\rho_1)/2]} \tag{9.1}$$

$$H'_x(x',y') = -\frac{E_0}{\eta} \cos\left(\frac{\pi}{a_1}x'\right) e^{-j[k(x'^2/\rho_2 + y'^2/\rho_1)/2]} \tag{9.2}$$

根据孔径场分布直接计算远场辐射图。关于孔径场分布的详细数学公式和角锥喇叭天线的辐射图可以参考文献[7]。在这里,总结出最终的方程。一个角锥喇叭天线的远场电场计算公式如下

$$E_\theta = j\frac{kE_0 e^{-jkr}}{4\pi r}[\sin\varphi(1 + \cos\theta)I_1 I_2] \tag{9.3}$$

$$E_\varphi = j\frac{kE_0 e^{-jkr}}{4\pi r}[\cos\varphi(1 + \cos\theta)I_1 I_2] \tag{9.4}$$

这里,I_1 和 I_2 分别为

$$I_1 = \int_{-a_1/2}^{+a_1/2} \cos\left(\frac{\pi}{a}x'\right) e^{-jk[(x'^2/2\rho_1) - x'\sin\theta\cos\varphi]} dx' \tag{9.5}$$

$$I_2 = \int_{-b_1/2}^{+b_1/2} e^{-jk[(y'^2/2\rho_1) - y'\sin\theta\cos\varphi]} dy' \tag{9.6}$$

在解这两个积分时,需要注意的是它的解是菲涅耳积分形式。

设计一个角锥喇叭天线时,必须知道要求的增益与矩形馈电波导的尺寸。这里我们使用文献[7]的设计方法,设计增益为15 dB的X波段角锥喇叭天线。使用在上一节提到的WR-90标准波导进行馈电。喇叭长3.82 cm,口径为5.72 cm×7.74 cm。在FEKO中建立角锥喇叭天线的几何模型,如图9.7所示。这种结构中,波导基次模的电场沿y方向。喇叭口径的电场y分量的幅度和相位如图9.8所示。正如预期的那样,孔径中心的电场最大。孔径上相位分布也表明似乎是从喇叭内一个点发出的射线,这个点被称为喇叭天线的相位中心[7]。

该角锥喇叭天线的辐射方向图如图9.9所示。本设计完全实现了15 dB的增益,E 面($\varphi = 90°$)具有窄波束和高旁瓣特点。一般来说,角锥喇叭天线无法实现对称的方向图,但仍然是测量其它天线增益时广泛使用的标准天线,因此,被称为标准增益喇叭。

值得指出的是,前面的理论解析解与全波仿真结果非常一致。图9.10对解析解[方程(9.3)和(9.4)]与FEKO仿真结果进行了比较。

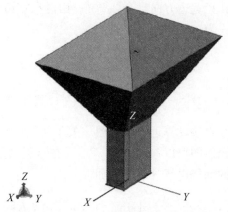

图 9.7　FEKO 中 X 波段角锥喇叭天线模型

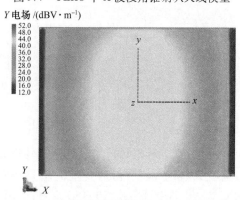

(a) $|E_y|$(单位dB)

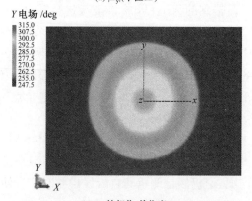

(b) E_y 的相位(单位度)

图 9.8　喇叭天线孔径上的电场分布

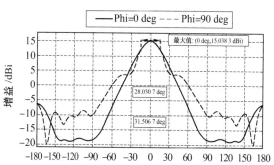

(a) 基本面的方向图

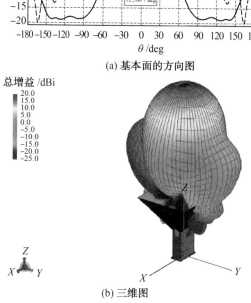

(b) 三维图

图 9.9 FEKO 中 X 波段角锥喇叭天线辐射图

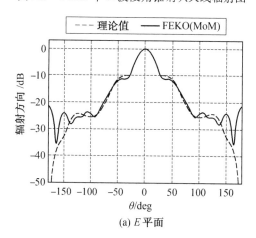

(a) E 平面

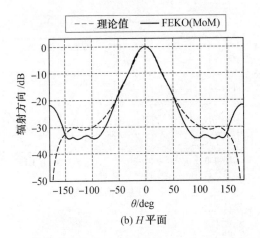

(b) H 平面

图 9.10　解析解和全波仿真的 X 波段角锥喇叭天线辐射图比较

9.4　圆锥喇叭天线

　　另一个非常实用的喇叭结构是圆锥喇叭天线,这种天线采用圆波导馈电,而扇形天线和角锥天线采用矩形波导馈电。类似在上一节中研究的角锥喇叭天线的研究,通过定义两个对象创建圆锥喇叭的几何模型,即圆柱形波导段和圆锥。用 FEKO 创建这两个几何模型的用户界面,如图 9.11 所示。

　　圆锥喇叭天线的分析过程和一般特性与角锥喇叭天线是相似的。随着张角增大,对于一个给定长度的喇叭的方向性就会随之增加,直至达到最大。超越峰值点,天线的增益将会减少。这里我们将只给出 32 GHz Ka 频段的圆锥喇叭天线的性能,它能够实现 15 dB 的增益。波导的半径为 0.323λ,圆锥喇叭长为 1.44λ,口面半径为 1.04λ。圆锥喇叭天线用探针激励圆波导的基次模(即 TE_{11} 模)。FEKO 给出这种圆锥喇叭天线的几何模型,如图 9.12 所示。

　　喇叭口径上总电场如图 9.13 所示,沿 x 方向在 $y=0$ 时场强得到最大值。

　　圆锥喇叭天线的辐射图如图 9.14 所示,这种天线结构也实现了期望的 15 dB 增益。类似于在上一节讲的角锥天线的例子,E 面($\varphi=0°$)波束较窄,旁瓣较高。同样,这些天线无法在基次模激励下形成对称方向图。但是,如果采取适当的波导激励,圆形几何结构的喇叭天线的对称辐射方向图是可能获得的。

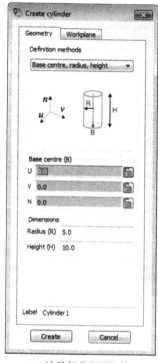
(a) 波导部分的圆柱体

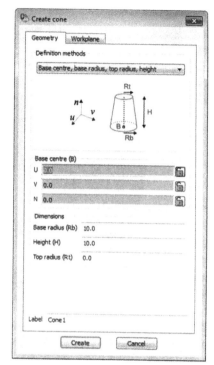
(b) 喇叭向外扩张的锥体部分

图 9.11　FEKO 中创建圆锥喇叭天线

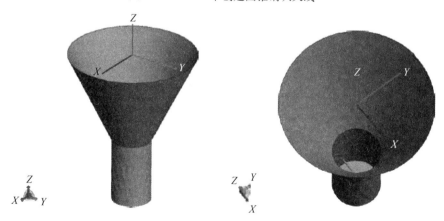

图 9.12　FEKO 中 Ka 波段圆锥喇叭天线

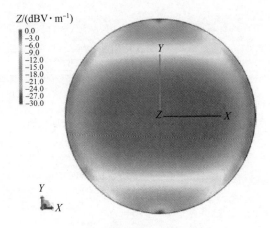

图 9.13　分布在喇叭口径的总电场

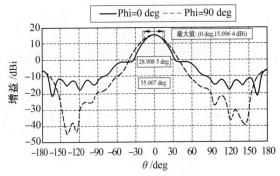

(a) 基本面的辐射图

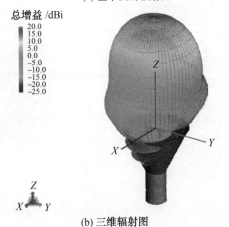

(b) 三维辐射图

图 9.14　FEKO 中 X 波段圆锥喇叭天线的辐射图

9.5　多模喇叭天线:波特喇叭天线

在许多应用,例如反射面的馈源中,需要一个具有对称方向图的喇叭天线;然而,传统的角锥和圆锥喇叭天线无法获得这样的辐射性能。一个实现这样辐射性能的最基本的方法是激发喇叭天线波导的高阶模式。在这里,我们将简要讨论产生高阶模式的基础知识,为实现一个符合明确要求的对称方向图,我们将演示一个波特喇叭天线的设计过程[20,21]。

圆锥喇叭天线使用圆波导的主模式 TE_{11} 模产生不对称方向图的定向性波束。喇叭或波导直径的突变或逐渐变化可以激发轴对称模式 TE_{1m} 或 TM_{1m} 模($m>1$),但激发不了 TE_{nm} 或 TM_{nm} 模($n \neq 1$)。激励轴对称的高阶模式的最简单方法是逐步改变喇叭的直径。喇叭直径的突变将削弱平滑的电流分布,如果归一化的输出半径大于所期望波导模式的截止波数,那么,一些能量将转移到这一模式上。能量大小将取决于喇叭和波导的半径,此外喇叭张角的变化也将激发高阶模式。为得到对称的方向图,通常需要可以激励一定比例的 TM_{11} 模加到 TE_{11} 模之上,波特喇叭天线就应用了这一工作原理。图9.15为一个波特喇叭天线的横截面几何图。

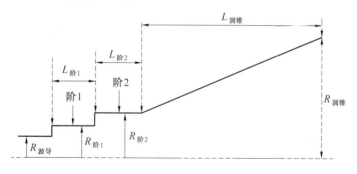

图 9.15　波特喇叭天线纵剖面图

同时,为了得到预期的辐射方向图,必须对一些参数进行调整,这里给出一些基本的设计规则。首先输出半径应大于 0.6098λ,这样 TM_{11} 波可以传播,否则这种模式将消失;此外输出半径不应大于 0.8485λ,否则会引起 TE_{12} 波。同时也青睐于在达到半径之前,在喇叭张角部分激励需要的 TM_{11} 模的功率,通常需要转换为 TM_{11} 模的功率大约在9%至20%之间。

在实际设计中,要求波特喇叭天线内半径大于 0.53λ。由于此值大于单一模式的圆形波导的半径,所以实现内半径大于 0.53λ 需要两个步骤。第一个连接点保持功率都为 TE_{11} 模,第二个连接点激励 TM_{11} 模式。虽然在许多情况下要求优化喇叭的设计,但是基本上,喇叭设计过程中能优化的就只有喇叭张角,喇叭张角会实现喇叭孔径辐射期望的波束宽度。喇叭天线设计的主要挑战是,控制其他约束条件时必须保持 TM_{11} 模与 TE_{11} 模相同。

对于反射面馈源,有时需要半功率波束宽度或 $\cos^q(\theta)$ 变化的对称方向图。在这里,我们给出了一个波特喇叭天线的设计,当 $q=6.5$ 时,在所需的中心频率实现对称辐射方向图。

任何天线设计,均使用上一节中介绍的设计准则可以确定喇叭天线参数的初始值;然而,在大多数情况下,需要调整这些参数大小获得理想辐射图,在FEKO 中,采用粒子群优化(PSO)实现此功能。总而言之,设计中,七个参数必须优化:波导馈电半径($R_{waveguide}$);两波导的半径和步长(R_{step1}, L_{step1}, R_{step2}, L_{step2});锥体的半径和长度(R_{cone}, L_{cone})。FEKO 的优化利用 OPTFEK 求解器进行求解。读者可以查阅 FEKO 手册上关于可用的优化工具及其安装的详细内容。对于这种设计,在优化过程中每次适当评估,是对许多离散点进行辐射方向图的计算,从而与所需的 $\cos^q(\theta)$ 辐射图相匹配,由此,实现在两主平面的对称方向图。波特喇叭的优化尺寸见表 9.1。

表 9.1　波特天线优化尺寸

$R_{waveguide}$	R_{step1}	L_{step1}	R_{step2}	L_{step2}	R_{cone}	L_{cone}
0.323λ	0.571λ	0.386λ	0.763λ	1.539λ	1.009λ	0.848λ

如图 9.15 中描述的优化波特喇叭天线内部的不同部分电场分布,如图9.16 所示。在波特喇叭中,TM_{11} 模的形成可以在图 9.16(c)中清楚地看到。

在喇叭口径上产生了对称孔径场,将导致一个对称的辐射方向图。图9.17 为优化后的波特喇叭和天线的 3D 增益方向图。优化后的波特喇叭归一化辐射图以及与理想的余弦方向图的比较,如图 9.18 所示。

优化后的波特喇叭在四个平面剖面辐射方向图几乎完全对称,并且与理想的余弦辐射图在 40° 的波束宽度范围内十分一致。尽管设计馈源喇叭的波束宽度要求取决于系统参数,但在大多数情况下,对反射面天线,40° 的波束宽度是足够的。需要指出的是,典型的多模喇叭如波特喇叭设计有一个狭窄的带宽,但应权衡,与波纹喇叭相比,多模喇叭设计比较简单。

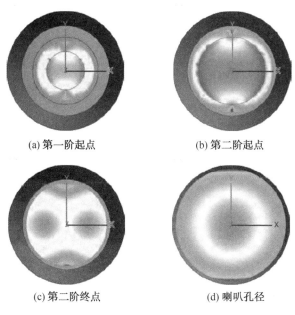

(a) 第一阶起点　　　　　　(b) 第二阶起点

(c) 第二阶终点　　　　　　(d) 喇叭孔径

图 9.16　优化波特喇叭天线内的电场分布

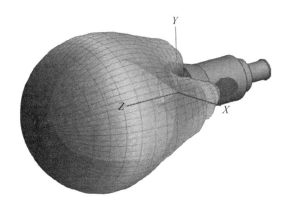

图 9.17　优化的波特喇叭天线在 32 GHz 时的辐射方向图

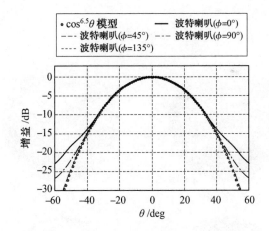

图 9.18　优化后的波特喇叭天线的归一化辐射方向图

9.6　波纹圆锥喇叭天线

为了满足减少溢出和交叉极化损失,并且提高大型反射面的孔径效率的需要,需加强对喇叭天线的研究。多年来,内壁光滑的圆形和矩形喇叭是仅有的喇叭天线类型,但波纹表面或内壁结构直到 20 世纪四五十年代才为人们所认识。

波纹结构支持混合 HE_{11} 模,这是最理想的喇叭辐射性能。因此,喇叭内表面在各向异性,在方位角和传播方向上具有不同的电抗。在这样的条件下,横电(TE)和横磁(TM)波成分被强制结合在一起,形成一个单一的混合波,以合成的速度传播。如果设计合理,在很大的频率范围内,两种波平衡混合比近似为 2.2 : 1。上限工作频率处因口面上出现不需要的 EH_{11} 模而终止。

根据文献[22]中讨论波纹圆锥喇叭的口径场可得到接近平衡状态的 HE_{11} 模的辐射方向图。然而在实际中,这些假设只在 $\theta=35°$ 以下成立,准确的分析需要全波仿真,将在这里概述。

使用商业设计软件 Antenna Magus[23] 设计一个波导馈电的波纹圆锥喇叭,工作频率为 9 GHz,增益为 15 dB。喇叭天线的几何模型和参数在图 9.19 中给出。

天线在 Antenna Magus 中设计完成,为了导入 FEKO,将会生成一个 * . cfx 文件,FEKO 可以直接打开这个文件。FEKO 中天线的几何模型与喇叭天线表面电流,如图 9.20 所示。

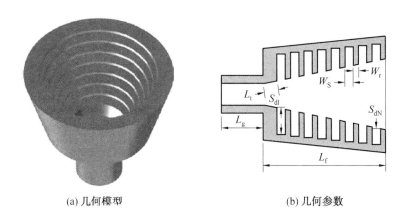

(a) 几何模型   (b) 几何参数

图 9.19 标准波纹圆锥喇叭天线在 Antenna Magus 中的模型

图 9.20 FEKO 中的波纹圆锥天线

如前文所述,波纹圆锥喇叭的一个显著优点是天线的辐射方向图是对称的。频率 9 GHz 的天线辐射图如图 9.21 所示。E 平面和 H 平面的辐射图在增益从最大值下降约 20 dB 的过程中是一致的。

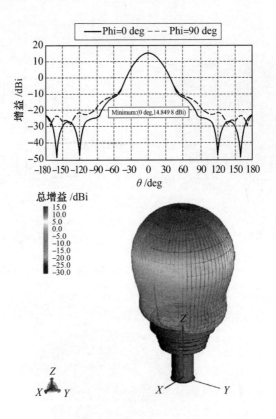

图 9.21　FEKO 中的波纹圆锥天线的辐射方向图

习　　题

（1）扇形喇叭天线

结合第 2 节给出的 E 面扇形喇叭天线，从终端开路波导（即，当张角为 0）到 60°张角范围内，研究张角对喇叭性能的影响。喇叭天线获得最大增益时，张角为多少？对 H 面扇形喇叭重复这个问题。

（2）角锥喇叭天线

设计三个 S 波段角锥喇叭天线，实现增益分别为 9 dB，15 dB 和 20 dB。使用标准尺寸的 S 波段波导，对辐射图与文献[7]给出的解析解进行比较分析。同时计算出这三个喇叭的孔径效率。

（3）圆锥喇叭天线

设计一个 X 波段优化方向性的圆锥天线，圆锥长度为 10λ，这样的喇叭天线的口径效率是多少？

第10章 反射面天线

10.1 引　言

　　高增益天线是远程无线通信链路和高分辨率雷达应用中必不可少的一部分,反射面天线自海因里希·赫兹发现电磁波的传播时开始被投入使用。反射面系统是使用最广泛的高增益天线,在微波波段增益远超过 30 dB,这对到目前为止研究的其他单天线来说实现起来非常困难(但也不是说不可能)。多年来,我们发展了不同的理论技术对反射面天线进行分析。在这一章中,将讨论一些基本的设计指标,同时给出角形、抛物面和球面反射面天线的设计实例。特别强调抛物面天线,因为它是当今使用最多的最实用的反射面天线结构。

10.2　角反射面天线

　　简单平坦的理想电导体(PEC)地平面可以用来控制能量的辐射方向,例如第 2 章的地平面上方的偶极子天线。电大地平面可以近似为无限表面,镜像理论可以用来分析这些系统的辐射特性。如果正确放置偶极子天线,第 2 章中的天线结构的增益可以得到增加。然而,一个简单的平坦 PEC 地面对波束没有良好的汇聚作用。

　　为更好汇聚能量,必须改变反射面的形状。一个最简单的装置是两个平面反射面组成的一个角反射面,角反射面的几何模型如图 10.1 所示。由于结构简单,其有许多特殊的应用。

　　在大多数情况下,由角反射面板形成的圆心角通常为 90°。顶点和馈电元件之间的间距是实现最佳系统效率的最重要的参数,它通常随着反射器的圆心角减小而增加。在理论分析角反射面天线时,通常假设反射面板在平面上是无限的;然而,在实际中是有限的。同样,馈电元件被假定为一个线源,但在实际中的角反射面天线的馈电元件通常是一个偶极子天线。

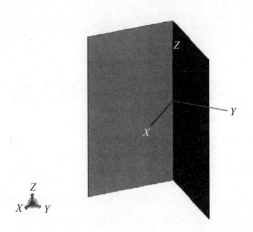

图 10.1　角反射面的几何模型

角反射面天线的一般准则如文献[7],鼓励读者了解这些设计的规则。在这里,我们将演示具有以下性能参数的角反射器天线:

(1)反射面高度=2λ

(2)口径宽度=1.5λ

(3)馈电点到顶点的距离=0.5λ

(4)偶极子长度=0.475λ

通过两板之间的圆心角确定各板长度。一个圆心角为90°的角反射面的几何模型和特高频(UHF)偶极馈源,如图10.2所示。

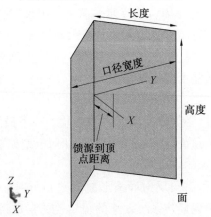

图 10.2　偶极子馈电的90°角反射面天线

在300 MHz 的中心频率,波长约为1 m。因此,角反射面的高度为2 m,口径宽为 1.5 m。

为了有效地分析大型反射面天线，如这里讲的角反射面，FEKO 软件用物理光学(PO)的方法求解反射面和矩量法(MOM)求解馈电元件。为了使用物理光学(PO)方法求解反射面，选择反射面并设置 PO 方法。角反射面的表面特性以及在 FEKO 中的求解设置，如图 10.3 所示。

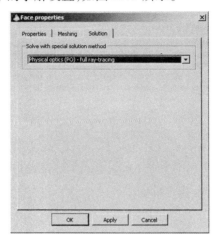

图 10.3　FEKO 中反射面天线求解器设置

有关选择更多求解方法的讨论，将在研究抛物反射面天线时给出。对于这一节 90°角反射面天线上的电流分布和三维辐射图，如图 10.4 所示。

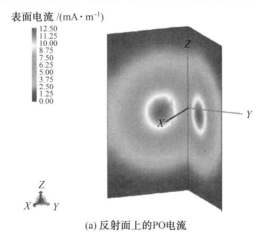

(a) 反射面上的PO电流

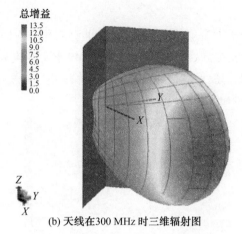

(b) 天线在300 MHz 时三维辐射图

图 10.4　90°角反射面天线的辐射性能

　　与早期研究的平面天线相比,角反射面天线的波束指向前方。同样为了观察两板之间圆心角的影响,如图 10.5 所示,独立的偶极子元件、放置在一个平面反射面和不同圆心角的角反射面之间的偶极子天线等多种情形的辐射图,如图 10.6 所示。

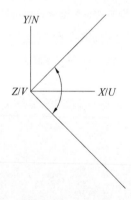

图 10.5　FEKO 中一个角反射面横截面图

　　这些结果表明,平面反射面的情形在正方向上增益最低,而 90°角反射面天线能达到最高的增益。对于角反射面的情形,随圆心角增加前向增益减小。另外,对于所有情形馈源位置一直保持在 0.5λ。这个位置对 90°角反射面是最佳的,而对这一部分其他的角反射面天线则未必。

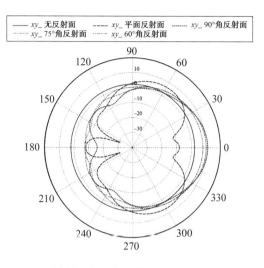

图 10.6 不同圆心角的角反射面在 300 MHz 的辐射图

10.3 抛物反射面天线的设计与分析

10.3.1 基本原理

本节将研究常用的抛物反射面天线特性,即使一个角反射面比平面反射面的表面可以取得更好的准直光束,但它通常情况下也不能实现理想的高孔径效率。对于理想的准直系统,入射的平行光线会在焦点处汇聚,这由一个抛物反射面是可以实现的[7,8]。

抛物反射面天线也称为圆盘天线,是一种旋转的抛物面。抛物线的几何方程是众所周知的,所以在这里只考虑对反射面天线的设计。在反射面的设计中最重要的参数是反射面的直径(D)和焦距(F)。对于轴对称反射面,这两个参数是足以完全确定反射面的结构参数。此外,反射面通常由焦距与直径之比(即 F/D)确定,比值常为 1 左右。

反射面天线是孔径型天线,因此增益与孔径(即 D)的大小成正比。反射面天线设计的关键环节是馈源天线的方向图与反射面的匹配,即设计中选择合适焦距的抛物面。通常设计目标是在边缘场比中心场下降约 10 dB。因此,选则适当的馈源天线对反射面天线的设计是非常重要的。对于馈源天线,通常选择具有轴对称方向图的结构。因此,在大多数情况下,波纹圆锥喇叭天线被选择作为反射器的馈源。重要的是,馈源天线必须严格定位,使得馈源的相位中心正好位于焦点上。喇叭天线的相位中心通常在其口径面与虚尖点之间[7]。

10.3.2　轴对称抛物反射面

在这里,我们将研究一个增益为 35 dB 的 X 波段轴对称抛物反射面天线的性能。馈源天线为第 9 章研究的波纹圆锥喇叭天线。抛物反射面是一个完美的准直装置,因此与频率无关;然而,该反射面的带宽通常是由馈源天线决定。

如前所述,在孔径型天线如反射面天线,天线增益与孔径大小是成比例的。因此,如果天线的增益是指定的,所需的孔径大小就是确定的。孔径的最大方向性如下

$$D = 4\pi \frac{A}{\lambda^2} \qquad (10.1)$$

其中 A 为孔径大小,然后代入孔径效率便可求出天线增益,即

$$G = \eta D \qquad (10.2)$$

其中 η 为孔径效率,对反射面天线来说,孔径效率主要是指照射和溢出的效率。照射效率衡量整个孔径反射面被照射的程度。对于孔径天线,当孔径被均匀照射可得到最大方向性。溢出效率用来衡量由馈源天线辐射功率的截获量与反射面口径溢出的关系。更多关于反射面天线效率分析的细节问题请参考文献[7,8]。

设计一个轴对称抛物反射面简单实用的方法是,控制反射面的边缘锥度。为了更好地说明这个设计过程,首先回顾反射面的几何模型。由设计参数确定轴对称抛物反射面的横剖面图,如图 10.7 所示。正如前面所指出的,所有的参数都可以由 F 和 D 确定。

反射面天线的高度(H_0)和圆心角的一半(θ_0)由下式决定

$$H_0 = \frac{D^2}{16F} \qquad (10.3)$$

$$\theta_0 = 2\tan^{-1}\left(\frac{1}{4(F/D)}\right) \qquad (10.4)$$

从馈源相位中心到反射面边缘的距离(R_0)为

$$R_0 = \frac{F - H_0}{\cos\theta_0} \qquad (10.5)$$

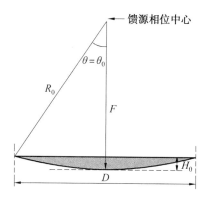

图 10.7 轴对称抛物反射面的横剖面视图

现在已经定义了这些几何参数,下面研究边缘锥度。边缘锥度是指反射面边缘馈源功率与中心馈源功率之比,计算公式如下

$$ET = 20 \log_{10}\left(\frac{E_{\mathrm{f}}(\theta = \theta_0)/R_0}{E_{\mathrm{f}}(\theta = 0)/F}\right) \tag{10.6}$$

这里 E_{f} 指馈源天线辐射图,此函数的典型模型为

$$E_{\mathrm{f}} = \cos^q \theta \tag{10.7}$$

如前面所讨论的,边缘锥度最好为 -10 dB,确保在照射和溢出效率之间取得一个良好的折中。针对不同的馈源喇叭,q 值是不同的,但一般情况下在 5 和 10 之间。

现在回到抛物反射面天线的设计。实现了 35 dB 的增益,抛物面的直径为 20 倍波长。这样,最大孔径方向系数约为 36 dB。基于效率和边缘锥度的考虑,一般选 $F/D = 0.9$。这种抛物反射面的截面图如图 10.8 所示。

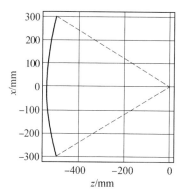

图 10.8 X 波段的轴对称抛物反射面天线横截面图

在 FEKO 中该反射面天线的几何模型如图 10.9 所示。

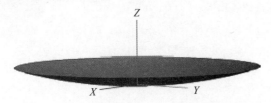

图 10.9　FEKO 建立的轴对称抛物反射面天线

这里用四种不同的分析方法来分析这种抛物反射面天线的性能,先分为两类情况。在第一类情况,喇叭天线的辐射图作为激励。在 FEKO 中通过单独仿真喇叭天线产生一个 ∗.ffe 文件,然后用来激发反射面。第二类情况,对整个系统(即包含反射面和喇叭天线)建模,完整系统反射面模型如图 10.10 所示。

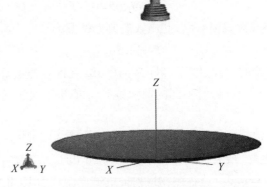

图 10.10　FEKO 中轴对称抛物反射面天线和馈源喇叭模型

分析反射面天线的主要困难是计算较大的电尺寸。为了进行有效的分析,可利用这两种方法:物理光学法(PO)和多层快速多极子方法(MLFMM)。如果一个点源辐射图用于模拟馈源,仅需对反射面进行求解。而对于完整的系统模型,可选择物理光学法求解反射面和矩量法(MOM)求解馈源喇叭。另外,MLFMM 可直接用于求解全系统。总之,分析反射面的四个不同的方案如下:

方法 1 点源辐射图,PO 求解反射面

方法 2 点源辐射图,MLFMM 算法求解反射面

方法 3 全系统:MOM 求解馈源喇叭,PO 求解反射面

方法 4 全系统:MLFMM 算法

前面已经讨论过如何在 FEKO 中选择 PO 求解器分析天线。对于点源激励的方法,将点源远场图(本设计的喇叭天线)导入 FEKO,如图 10.11(a)所示。MLFMM 求解方法可以在求解设置里选择,如图 10.11(b)所示。

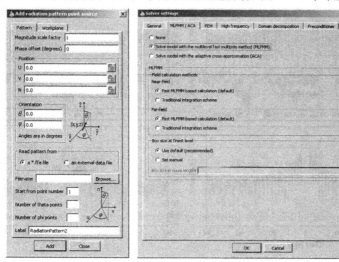

(a) 点源辐射图   (b) 多层快速多极子的求解设置

图 10.11   FEKO 仿真设置

前三种方法,不考虑由馈源喇叭所造成的遮挡效应。对于轴对称反射面,馈源遮挡通常会增加第一旁瓣和降低天线增益。因此,如果需要系统的精确分析,应使用后者。图 10.12 给出了使用所有上述四种方法对轴对称反射面的辐射性能进行分析的结果。尽管有一些小差异,通过前三种方法得到的辐射图的形状是接近一致的。另一方面,用第四种方法获得的辐射图具有一些不同,这是因为前三种方法没有考虑遮挡现象。

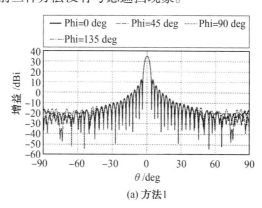

(a) 方法 1

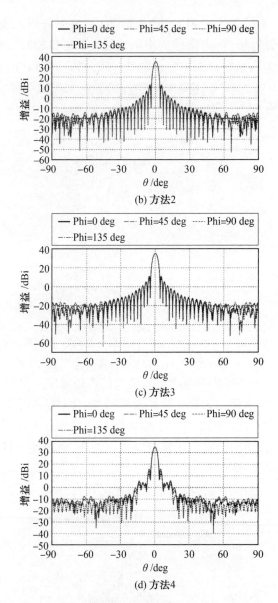

图 10.12 轴对称抛物反射面的主极化辐射图

使用这些方法获得的辐射图表明,轴对称反射面天线必须考虑遮挡的影响,通常情况下,第四种方法是最准确的。

这种抛物反射面天线的交叉极化辐射方向图可由方法 4 得到,如图 10.13 所示。最大交叉极化出现在对角面。

图 10.14 总结了抛物反射面天线的性能。该反射面的增益约为 35 dB,最大旁瓣电平大约是 −19 dB。如前面所讨论的,馈电喇叭天线的遮挡效应产生了高的旁瓣电平。运用方法 4 计算抛物反射面的三维辐射方向图,如图 10.15 所示。

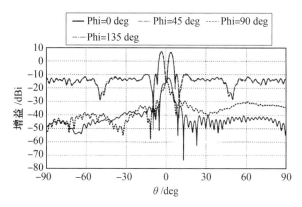

图 10.13　用方法 4 得到的轴对称抛物反射面的交叉极化辐射图

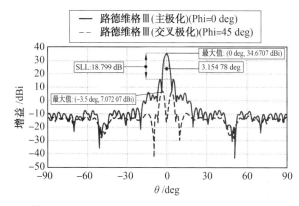

图 10.14　轴对称抛物反射面辐射图[主极化(实线)交叉极化(虚线)]

10.3.3　偏馈抛物反射面

通过上一节的研究表明,馈源天线的遮挡效应是轴对称反射面天线最大的问题。一般来说,反射面越小,遮挡效应越明显,但可以使用偏馈反射面消除或明显减少遮挡效应。偏馈系统较为复杂,读者可以参考文献[7,8]了解更多的细节。

这里研究一个偏馈的轴对称抛物反射面天线的性能,并且与前面研究的反射面具有相同的孔径尺寸。抛物反射面截面图如图 10.16 所示。

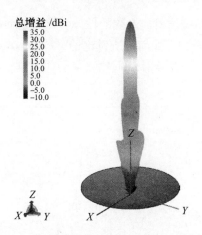

图 10.15　轴对称抛物反射面天线的三维辐射图

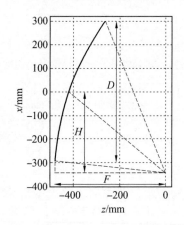

图 10.16　X 波段偏馈抛物反射面天线横截面视图

反射面具有相同的孔径尺寸(D)，也就是 20λ，并采用相同的波纹圆锥喇叭天线馈电。偏馈高度(H)设为 11.5λ，如图 10.16 所示。考虑到效率和边缘锥度，偏馈系统的 F/D 设置为 0.8。FEKO 中反射面天线的几何模型，如图 10.17 所示。

上文的四种方法也可以应用于分析这种偏馈结构系统；然而，为简洁起见只研究方法 3 和 4。图 10.18 为使用这两种方法对偏馈反射面辐射性能的分析。主波束正确地指向 $\theta=0°$ 的方向。

此外，对这些辐射图进行比较，可以看出两种分析方法接近一致。而在通常情况下，方法 4 仍然被认为是最准确的计算方法，PO 求解法能够显著减少计算的时间和资源，这使得它对偏馈反射面天线的快速分析非常有效。

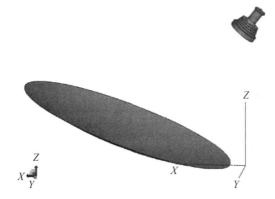

图 10.17　FEKO 偏馈抛物反射面天线模型

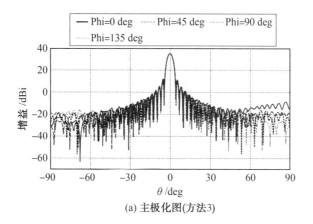

(a) 主极化图(方法3)

(b) 交叉极化图(方法3)

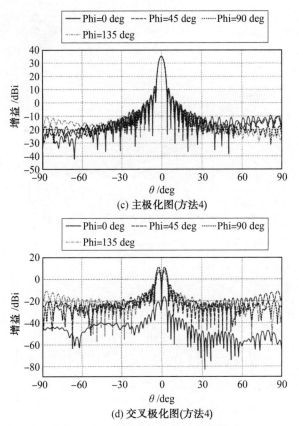

(c) 主极化图(方法4)

(d) 交叉极化图(方法4)

图 10.18　偏馈抛物反射面的辐射图

　　图 10.19 对抛物反射面的性能进行了总结,表明该反射面天线的增益为 35 dB,最大旁瓣电平约为-22.5 dB。与轴对称的设计相比,偏馈结构的增益

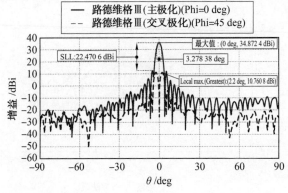

图 10.19　偏馈抛物面反射面天线的远场辐射图[主极化(实线),交叉极化(虚线)]

提高了约 0.2 dB,旁瓣电平下降了约 3.7 dB。图 10.20 给出了该抛物反射面天线三维辐射图。

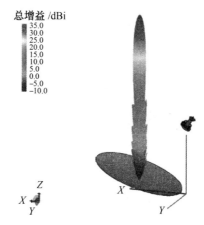

总增益 /dBi

图 10.20　偏馈抛物反射面天线的三维辐射图

10.4　球形反射面天线的设计与分析

10.4.1　基本原理

在许多高增益应用中需要实现天线的波束扫描。对于抛物反射面天线,波束扫描可以通过横向移动馈源天线实现[24];然而,效果很差。当馈源从焦点移动后,抛物轴对称反射面不再是对称的结构。另一方面,球形反射面天线具有凹球面反射镜的光学性质,多年来被认为是一种适合广角高增益的波束扫描应用的设计[25,26]。由于其理想的几何对称结构,球形反射面可以实现理想的广角扫描,而且辐射性能不变差。但是,由于球面像差引起较差的准直性能。但是,这些年来,已经引入很多方法来减少这些影响[25,26]。一个最简单的方法是使用受限的口径及足够大半径的反射面。这个方法的基本原理是对于小角度的入射角,焦点的位置与入射角无关,这意味着所有的平行光线在球面反射后通过焦点(F)。因此,对于设计受限口径的方法,只能照亮口径(D_{ill})的一小部分。孔径的可用物理尺寸(D)将取决于所需的扫描范围。

10.4.2　Ka 波段球形反射面天线

在这一节将研究一个 Ka 波段具有 30°仰角覆盖的球形反射面天线的性

能。为了实现大于 30 dB 的增益,照射口径直径选择 15λ,对应的球面半径为 23.125λ。在 FEKO 中球形反射面的几何模型如图 10.21 所示。

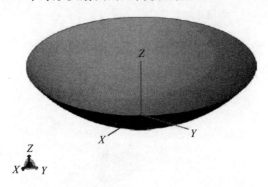

图 10.21　FEKO 中的球形反射面天线建模

接下来的任务就是确定馈源天线的位置。球形反射面的焦点(即近轴焦点)的最佳位置大约是球体半径的一半。对于均匀的锥度,解析表达式可以准确地计算焦点最优[25]的位置,对于本球形反射面焦点为 11.25λ 处。球形反射面必须考虑由馈源天线所造成的遮挡。如前面所讨论的,所有的反射光线都要穿过焦点和馈源。对于这个小结构,遮挡是相当大的,所以常用点源模型模拟馈源天线。辐射方向图函数为 $\cos^q(\theta)$,其中 $q = 4.6873$,从而保证在每个照射区虚拟边缘的锥度是 -10 dB。

如前所述,我们沿圆弧移动馈源来照射反射表面的适当部分实现波束扫描。该弧的中心同球心一样。几种不同情况下的球形反射面表面电流分布如图 10.22 所示,并且清楚说明了球形反射面的波束扫描的照射要求。波束将照射位于馈源法向方向的反射面表面局部部分。

球形反射面的理想对称结构使得可以在任何方位上的孔径实现类似的照射现象,因此球形反射面能够全方位扫描。我们知道,仰角范围取决于反射面的设计,宽角覆盖是可以实现的。这里研究的是 30° 的仰角范围覆盖,仿真波束扫描性能如图 10.23 所示。当馈源如图 10.22(a)设置,波束在宽边方向(即图 10.23 蓝色曲线)。当馈源沿演示路径移动时,波束开始扫描。当馈源如图 10.22(c)放置时,波束从宽边方向扫描 30°(即图 10.23 绿色曲线)。

这种设计方法取得了很好的波束扫描性能。在所有扫描角度上,反射面的增益几乎是恒定的。当接近最大扫描角时副瓣电平略有增加,但在所有情况下均超过 20 dB。

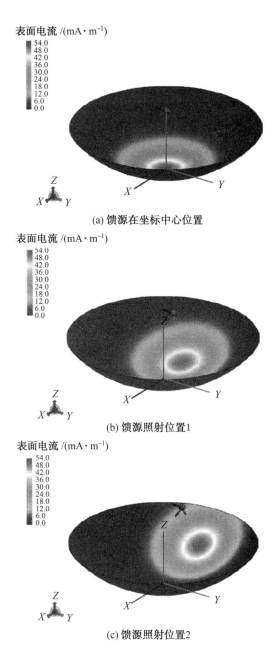

(a) 馈源在坐标中心位置

(b) 馈源照射位置1

(c) 馈源照射位置2

图 10.22 在 FEKO 用 PO 计算球形反射面表面电流

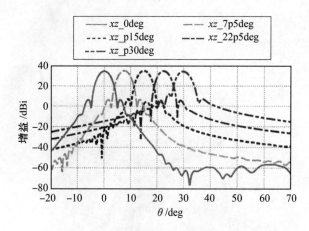

图 10.23　球形反射面天线的波束扫描性能研究

习　　题

（1）设计角反射面天线

使用与 10.2 节的 90°角反射面天线相同的尺寸，设计一个 60°圆心角的角反射面天线。研究这种设计中馈源到顶点距离产生的影响，求馈源天线的最佳位置。

（2）角反射面天线波束扫描

使用与 10.2 节给出的相同尺寸的 90°角反射面，研究馈源横向移动带来的影响。沿反射面长边移动偶极子天线的中心时，同时倾斜偶极子，使波束主瓣仍然指向反射面的中心。比较扫描模式和非扫描模式下，扫描角为 10°和 20°时的辐射图。

（3）轴对称抛物反射面天线的设计

设计增益为 30 dB 的 Ku 波段卫星通信抛物反射面天线。中心频率为 12.45 GHz，可以使用第 9 章所述锥体喇叭天线为馈源天线。选择合适的 F/D，使最大边缘锥度小于 -10 dB。

（4）偏馈抛物反射面天线的设计

如练习（3）设计一个偏馈的天线结构。为偏馈系统选择适当的值从而消除馈源遮挡产生的影响。

第 11 章　阵列天线

11.1　引　　言

在前几章,我们利用 FEKO 电磁仿真软件对几种天线结构进行了研究和分析。除了反射面天线,其他天线具有较宽的辐射方向图和较低增益。对于远距离通信,需要增加这些天线的增益。为此,可以采用多个大线组成阵列的形式(称为阵元),其中每个阵元辐射一束电磁波。对阵列天线的阵元进行一个合理的阵列布置,就可以增加天线阵列的增益。此外,通过控制阵列单元的相位,阵列天线也可以实现波束方向扫描。

天线阵列提供了几种自由度,可以用来构建天线的总方向图。设计阵列天线首先要选择阵列的几何结构,其中最常见的类型是线性的,平面的(圆形或矩形)。非平面阵列如柱面和球面同样被应用在某些领域。一旦阵列的几何结构选择好,接下来的任务是选择阵列天线中阵元的相对位置。对于大多数天线阵列结构,天线阵元是等距排列的。当该阵列结构设计好后,就该确定阵元的激励(幅度和相位)。这三个因素确定了阵列天线的总方向图。决定天线阵列设计的另一个重要因素是天线单元的类型,在大多数情况下,阵列天线的阵元是相同类型的。虽然几乎任何类型的天线都可以用于构建阵列天线,一般情况下阵元常使用偶极子和微带贴片天线。在这一章,将研究一些采用偶极子和微带贴片天线作为阵元的阵列天线。

11.2　阵列天线原理

这一节简要讨论天线阵列的动态响应和用于分析波束方向图的基本方程。为简单起见,我们重点研究具有相同阵元的均匀线阵,同时鼓励有兴趣的读者研究更先进的阵列结构[27~30]。

天线阵列的辐射特性取决于两个独立参数:

(1)在无边界媒质中的单个阵元的辐射特性,被称为阵元方向性函数;

（2）由各向同性点源排列组成的阵列的辐射特性，后者被称为阵因子。使用相同的阵元组成的多元阵列方向图可用下式计算[7]，即

$$E(阵列) = E(阵元) \times 阵列因子 \tag{11.1}$$

通常需要选择合适方向图的阵元组成阵列。例如，一个阵列波束方向图的主波束在 $\theta = 0°$ 的方向上，那么沿着 z 轴方向放置的偶极子天线就不适合做阵元，因为 $0°$ 方向上波束为零。另一方面，一个水平偶极子（放在 $x-y$ 平面）或一个贴片天线放置在 $x-y$ 平面是设计这样天线的适合选择。在前面几章我们研究了几种不同辐射特性的天线，一般情况下，它们都可以作为阵列天线的阵元。

接下来关注方程（11.1）的第二个参数，即阵列因子。对于一个沿 z 轴排列等间距（d）且同阵元的 N 元线性阵列，相邻阵元相差为一个正相位（β），其阵因子可以写成

$$AF = a_1 + a_2 e^{+j(kd\cos\theta+\beta)} + a_3 e^{+2j(kd\cos\theta+\beta)} + a_N e^{+j(N-1)(kd\cos\theta+\beta)} =$$

$$\sum_{n=1}^{N} a_n e^{+j(n-1)(kd\cos\theta+\beta)} \tag{11.2}$$

这里的 θ 是远场观察角度，a 是每个阵元的激励，相邻阵元的相位依次超前 β 弧度。如果激励是均匀（等幅）的，那么阵因子可以简化成

$$AF = \sum_{n=1}^{N} e^{+j(n-1)(kd\cos\theta+\beta)} \tag{11.3}$$

根据文献[7]，如果相位参考点设置在阵列天线的几何中心，式（11.3）可以简化成

$$AF = \frac{\sin(N\psi/2)}{\sin(\psi/2)}, \quad \psi = kd\cos\theta + \beta \tag{11.4}$$

由上式可以求出使阵因子最大时的 ψ 值。阵列因子的第一个最大值出现在

$$\psi = kd\cos\theta + \beta = 0 \tag{11.5}$$

通过改变阵元间递增的相位差可以实现阵列天线波束扫描。因此，如果天线主波束方向（$\theta = \theta_m$）确定了，就可以通过解公式（11.5）确定相邻阵元间的相位差。例如，当主辐射方向为阵轴的法向方向（$\theta = 90°$）时，即侧射阵，可得

$$\psi = kd\cos\theta + \beta \big|_{\theta=90°} \Rightarrow \beta = 0° \tag{11.6}$$

另一方面，主辐射方向沿着阵轴（端射阵），即 $\theta = 0°$，那么

$$\psi = kd\cos\theta + \beta \big|_{\theta = 0^\circ} \Rightarrow kd + \beta = 0 \qquad (11.7)$$

相邻阵元间相位为

$$\beta = -kd \qquad (11.8)$$

一般情况下,当 $\theta = \theta_m$,则相邻阵元相位差为

$$\beta = -kd\cos\theta_m \qquad (11.9)$$

大多数情况下要避免阵列方向图出现多个极大值(主波束除外),称为栅瓣。这一点可以通过控制阵元间距和扫描角度做到,其中需要利用计算方程(11.4)和(11.9)计算得到具体值。对于一个线性阵列来说,抑制栅瓣的最大阵元间距的计算公式如下

$$d_{\max} = \frac{\lambda}{1 + |\cos\theta_m|} \qquad (11.10)$$

本节介绍了阵列的基本概念,天线工程师必须熟悉才能设计出有效的阵列结构。在下一节中将研究几种不同结构的阵列,其阵元由偶极子天线组成。

11.3　二元偶极子阵列

现在以简单的二元偶极子阵列为例研究阵列天线,使用第 2 章讲过的特高频(UHF)偶极子天线作为阵元,阵元长度为 0.4823λ。从一个偶极子中心到另一个偶极子中心的距离(阵元间距)设置为 0.5λ,两个偶极子的中心沿着 z 轴放置。图 11.1 对两个不同结构的偶极子进行了研究:两个偶极子沿着 z 轴(图 11.1(a))和沿着 x 轴(图 11.1(b))放置。在第一种情况下的偶极子是没有物理相连的。

分析阵列的特性,首先可由式(11.2)计算出阵因子。两个阵列均为等幅同相(即 $a_1 = a_2$,$\beta = 0$),两个阵列结构的阵因子可以写成

$$AF = \frac{\sin(\pi\cos\theta)}{\sin(\frac{\pi}{2}\cos\theta)} \qquad (11.11)$$

图 11.2 给出了上面阵因子的归一化方向图。当 $\theta = 90^\circ$ 时阵因子取得最大值,当 $\theta = 0^\circ$ 或 180° 时阵因子为零。

下面研究阵单元的方向性函数。对于情况(a),当 $\theta = 90^\circ$ 或 270° 时,沿 z 轴放置的偶极子方向图取得最大值;当 $\theta = 0^\circ$ 或 180° 时为零(见第 2 章,图

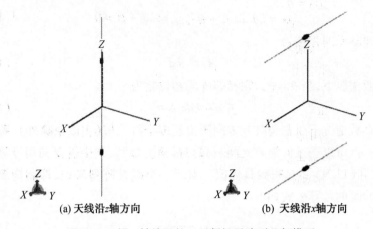

(a) 天线沿z轴方向　　　　　　　　(b) 天线沿x轴方向

图 11.1　　沿 z 轴放置的二元偶极子阵列几何模型

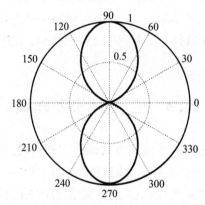

图 11.2　　均匀激励阵元间距 $d = \lambda/2$ 的二元阵列阵因子

2.6）。前文所述,由相同阵元组成阵列的方向性函数等于阵元方向图与阵列因子的乘积,见式(11.1)。因此,当阵列因子与阵元方向图的最大值(最小值)在同一方向时,该偶极子阵列的辐射方向图与偶极子单元的方向图相似,仿真方向图如图 11.3 所示。

对于情况(b),辐射方向图截然不同。偶极子阵元沿 x 轴放置,当 $\theta = 0°$ 或180°时,阵元方向图取得最大值;当 $\theta = 90°$ 或 270°时值为零。因此,阵列将产生由阵元方向图与阵因子方向性函数所产生的多个零点。在 $\varphi = 0°(x - z$ 平面) 情况下,当 $\theta = 0°$ 或180°时,由阵因子产生零点;当 $\theta = 90°$ 或 270°时由阵元方向图产生零点。在 $\varphi = 90°(y - z$ 平面) 情况下,当 $\theta = 0°$ 或 180°时,仍然由阵因子产生零点,而此平面不产生由阵元方向图引起的零点。实际上,阵列

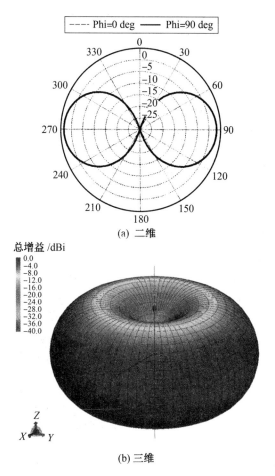

(a) 二维

(b) 三维

图 11.3　图 11.1(a) 模型的二元偶极子辐射方向图

方向图的峰值在 $\theta = 90°$ 和 $270°$ 方向取得,仿真方向图如 11.4 所示。

　　此二元偶极子天线阵列的简单例子清晰地表明,理解天线辐射机理对阵列有效设计的重要性。阵列总的辐射方向图由阵元方向性函数和阵因子函数共同决定,因此恰当的阵元选取对于实现要求的辐射方向图是非常重要的。

　　需要强调的是在这两种情况下,甚至对于一般任何天线阵列结构,相邻阵元之间会产生耦合,这种现象称为互耦,设计天线阵列时必须考虑。这里用方程(11.1) 近似,其中阵元方向性函数是在自由空间中获得的,而与一个无界空间的偶极子方向性函数不相同[注:原书认为自由空间和无界空间不同,可能是出于某些考虑,为尊重作者,此处沿用作者原有意图。译者注]。然而,

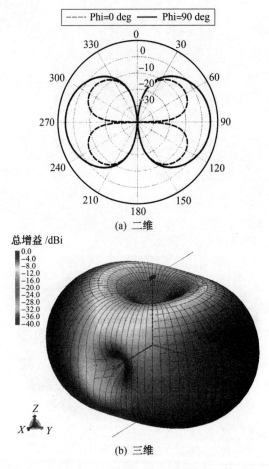

图 11.4　图 11.1(b) 模型的二元偶极子辐射方向图

上述的例子证明这种近似是非常合理的。在下一节中我们将研究用多个阵元组成的线性阵列的辐射方向图。

11.4　N 元等幅线性偶极子阵列

11.4.1　阵元间距

　　如第 3 节所述,均匀激励阵列天线的阵因子可由式(11.3) 或(11.4) 计算。不失一般性,我们将通过研究五元偶极子阵列天线的辐射性能讨论阵元的间距对辐射方向特性的影响。所有的阵列均被设计为侧射阵，即 $\beta = 0°$。考虑三种不同阵元间距的阵列结构，即 $d = \lambda/4$，$\lambda/2$ 和 λ。它们的阵因子方向图如图 11.5 所示。

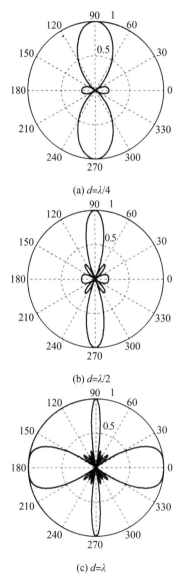

(a) $d=\lambda/4$

(b) $d=\lambda/2$

(c) $d=\lambda$

图 11.5　五元偶极子阵列天线阵因子方向图

如果阵元间距小于波长 λ，则阵因子在 $\theta = 90°$ 和 $270°$ 方向取得最大值，也就是侧射方向。但是,如果阵元间距等于 λ,在 $\theta = 0°$ 和 $180°$ 方向上出现栅瓣。栅瓣的方向可以由式(11.1) 直接计算,即

$$|\cos \theta_m| = \pm 1 \Rightarrow \theta_m = 0°, 180° \tag{11.12}$$

正如前面讨论的,通常情况下阵列天线应该避免出现栅瓣的情况,但本研究是为了观察参数对阵列方向图的影响。此外,随着阵元间距的增加,天线的电长度增大,所以阵因子的波束宽度减小。

下面讨论偶极子天线,将每个偶极子阵元的中心沿着 z 轴放置,单元平行于 x 轴,如图 11.6 所示。就像第 3 节中看到那样,这种阵列结构的主波束在 $\varphi = 90°(y - z$ 平面), $\theta = 90°$ 和 $270°$ 方向取得。偶极子阵列的辐射方向图在图 11.7 中给出。

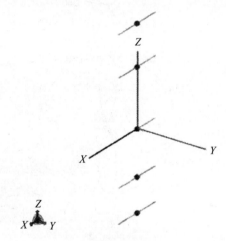

图 11.6 五元偶极子阵列的几何结构($\lambda/2$)

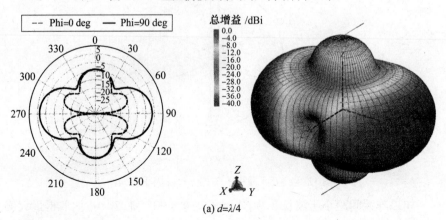

(a) $d = \lambda/4$

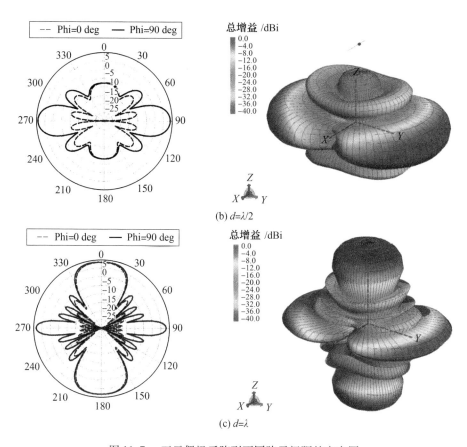

(b) $d=\lambda/2$

(c) $d=\lambda$

图 11.7 五元偶极子阵列不同阵元间距的方向图

比较一下这三种阵列波束方向图可以看出,阵元间距的变化引起辐射方向图的变化。实际上,随着阵元间距从 $\lambda/4$ 增加到 $\lambda/2$,波束宽度变窄,天线增益从 3.74 dB 增加到 9.07 dB。然而,当阵元间距从 $\lambda/2$ 增加到 λ 时,波束方向图就会出现栅瓣,在 $\theta = 0°$ 和 $180°$ 方向上分散了主波束方向上($\theta = 90°$ 和 $270°$)的能量。相应地,口径尺寸增加一倍,增益反而减小,阵列的最大增益为 8.27 dB。

研究表明阵元间距对阵列天线性能的影响非常重要。正如这里看到的,如果阵元间距取的不合适,那么阵列方向图就会出现栅瓣。如前面所讨论的,栅瓣的产生依赖于阵列波束的方向。下一节我们将研究线性扫描阵列的特性。

11.4.2 波束扫描

我们需要通过式(11.9)设置的阵列天线的阵元间相位差来实现主辐射方向在空间内的扫描。这里研究上节讨论的五元偶极子阵列的扫描特性。为不使阵列辐射方向图里出现栅瓣,必须满足式(11.10)。通常情况下是根据扫描角度来计算阵元间距。但是为了保证各个方向上(从 $\theta_m = 0°$ 到 90°)都不出现栅瓣,由式(11.10)确定阵元间距不能超过 $\lambda/2$。因此,设置五元偶极子天线的阵元间距 $d = \lambda/2$,然后研究阵列扫描特性,根据约定,在扫描方向上,不会出现栅瓣。

当阵元间距为 $\lambda/2$,阵元间相位差可由式(11.9)计算为

$$\beta = -\pi\cos\theta_m \tag{11.13}$$

为了在 FEKO 中进行仿真,需要设定阵列阵元间的相位差,其中第二个阵元的激励设置如图 11.8 所示。

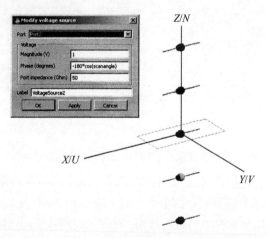

图 11.8　FEKO 中线性扫描偶极子天线的激励设置

像前面看到的例子那样,对于这种阵列结构,当阵元间相位差为零时,主波束指向在 $\theta_m = 90°$ 和 270° 方向。考虑阵元间设置相位差,当主波束方向由 90° 开始,扫描到 0°,每次增加 30°。四种情况下相位关系如下:

无扫描($\theta_m = 90°$):0°,0°,0°,0°,0°

30° 扫描($\theta_m = 60°$):0°,− 90°,− 180°,− 270°,− 360°

60° 扫描($\theta_m = 30°$):0° − 155.88°,− 311.77°,− 467.65°,− 623.54°

90° 扫描($\theta_m = 0°$):0°,− 180°,− 360°,− 540°,− 720°

如果知道了阵元间相位差,相应的阵因子可由式(11.3)计算。四种扫描情形的阵因子方向图,如图 11.9 所示。

通过给每个阵元适当的激励电流,可使阵因子向指定的方向扫描,但是对于宽角度扫描,例如图 11.9(c),波束方向图难免变形;工程中,线阵或面阵的扫描角度一般不超过 60°。

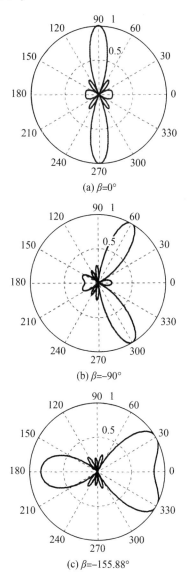

(a) $\beta = 0°$

(b) $\beta = -90°$

(c) $\beta = -155.88°$

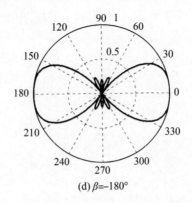

(d) $\beta=-180°$

图 11.9　不同相位差的五元线阵阵因子方向图

接下来给出图 11.8 的线性偶极子扫描阵的特性, $y-z$ 面的辐射方向图，如图 11.10 所示。

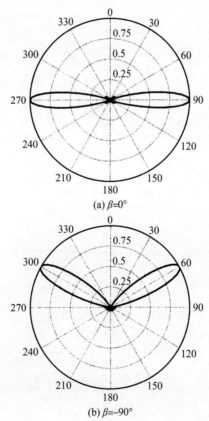

(a) $\beta=0°$

(b) $\beta=-90°$

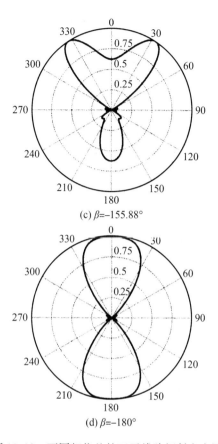

(c) $\beta=-155.88°$

(d) $\beta=-180°$

图 11.10 不同相位差的五元线阵辐射方向图

阵列天线的辐射方向图与期望的非常相近,换句话说,波束几乎可以扫过要求的方向。然而,如图 11.10(c)所示,因为阵元方向图对天线阵特性的影响,主波束实际在 35°方向上,而不是在 30°方向。尽管如此,通过合理控制阵单元相位差,可以使阵天线在 90°的范围内实现扫描。

11.5 N 元非等幅线性偶极子阵列

前几节给出几个关于线性阵列的例子,但是所有阵元的激励是等幅的。一般情况下均匀阵列能实现最大方向性和最窄的主波束。这是均匀阵列的一个优势,但在很多应用中,减小天线的旁瓣电平更为重要。非均匀幅度阵列天线恰好能实现这一功能,即使天线的方向性受到一点影响。换句话说,如果我们旨在降低旁瓣电平,该天线的方向性系数也会相应减小。

对不同幅度分布的阵列天线进行研究,如二项式、道尔夫·切比雪夫、泰勒等。在所有这些分布中,阵元激励幅度都是由阵列的中心向边缘单元衰减。在这里,将只研究第4节分析的五元偶极子阵列的辐射性能,它们的幅度分布为二项式和道尔夫·切比雪夫。

阵元幅度按二项式分布可以获得最小的旁瓣电平,而且如果阵元间距为$\lambda/2$,将没有旁瓣电平。对于五元阵列天线,二项式分布的幅度分别为

二项式分布:$0.1667,0.6667,1.0,0.6667,0.1667$

道尔夫·切比雪夫分布是基于均匀分布与二项式分布之间的一种折中,其最大的优点是阵元幅度可以根据所需的旁瓣电平来确定。对于五元阵列,如果设计-20 dB 的旁瓣电平,则用道尔夫·切比雪夫幅度分布。

道尔夫·切比雪夫幅度分布为:$0.5176,0.8326,1.0,0.8326,0.5176$

上面两种分布的归一化辐射方向图如图 11.11 所示。结果与图 11.7(b)的均匀分布比较,如期望那样,二项式分布完全约束了旁瓣电平,然而主瓣波束变宽了。另一方面,道尔夫·切比雪夫幅度分布折中一些旁瓣电平来实现较窄的主瓣宽度。

两种分布的三维辐射图如 11.12 所示。需要强调的是,在大多数情况下,阵列天线的设计中采用一些形式的幅度消减来控制旁瓣电平。本节给出的结果均为相应设计的理想幅度分布。但是在工程中,必须按照阵列阵元设计功率分配器,这通常限制了阵元的激励幅度的控制水平。

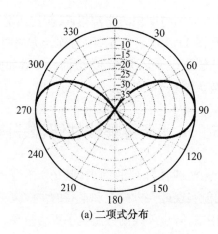

(a) 二项式分布

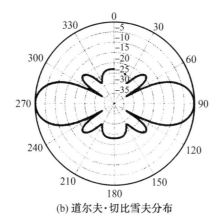

(b) 道尔夫·切比雪夫分布

图 11.11　两种幅度分布的五元阵辐射图

总增益 /dBi

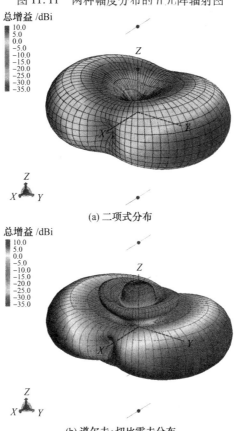

(a) 二项式分布

(b) 道尔夫·切比雪夫分布

图 11.12　两种幅度分布的五元阵的三维辐射图

11.6　平面天线阵列

平面阵结构提供新的变量来控制天线阵的方向图形状,通常情况下,阵元按矩形方格放置,有时也可按极坐标放置。与线阵提供的扇形波束相比,平面阵能够提供更对称的方向图,也可以在空间任一点进行阵列的主波束扫描。在这一节中我们将研究几个不同结构的平面阵列天线。

11.6.1　4×4 偶极子天线阵

使用前文研究的特高频(UHF)偶极子来设计平面阵列天线。一个在 $x-y$ 平面放置的 16 元平面偶极子阵列,如图 11.13 所示,并且所有阵元等幅同相。在第 3 节和第 4 节中,阵因子垂直于阵面。因此,如结构图 11.13 所示,主波束位于方向 $\theta=0°$ 和 180°处。

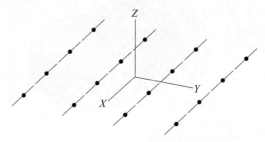

图 11.13　16 元平面偶极子阵列

平面偶极子阵列的辐射方向图如图 11.14 所示。正如预期的,主波束恰好指向垂直于阵列孔径的方向。此外,在 $\varphi=0°$ 平面与 $\varphi=90°$ 平面的辐射方向图非常相似。如前面讨论的那样,这种对称的辐射图是平面阵结构非常重要的特性。偶极子天线阵的三维辐射方向图如图 11.15 所示,并且在频率为 300 MHz 时,天线阵增益为 13.35 dB。

由于偶极子天线的辐射方向图是轴对称的,因此这种天线阵列有一个缺点,即会产生两个主波束。抑制第二个波束(即 $\theta=180°$)的一种方法是在偶极子阵列下方放置一个地板。另一种方法是选择在阵列平面下半球中没有辐射的天线单元形式,而不选择偶极子阵元。一个理想的例子是微带贴片,这将在下一节中研究。

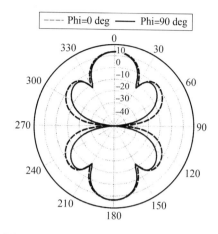

图 11.14　16 元偶极子平面阵二维辐射图

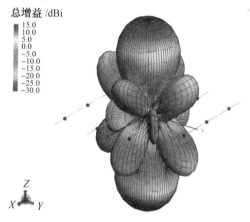

图 11.15　16 元偶极子平面阵三维辐射图

11.6.2　2×2 微带贴片阵列

在这一节里,用微带贴片作为阵列天线阵元。阵列单元采用微带传输线馈电,所以嵌入馈电微带贴片结构(第 4 章)和微带天线阵列设计可用于实现 10 dB 的增益。通常,2×2 微带贴片阵列就可以实现,这种设计常用于 Hiper-LAN(即 5.8 GHz)应用中。

选择 1.27 mm 厚度的 Rogers 6006 层压板(相对介电常数为 2.2,损失角正切为 0.0019),阵元间距设置为 25 mm。贴片尺寸为 10.1 mm×13.9 mm,馈线宽 3.4 mm,地板大小为 50.8 mm×50.8 mm。馈线阻抗为 50 Ω,设计馈线网络使得整个天线能够被 50 Ω 的端口馈电。微带贴片阵列的几何模型如图 11.16 所示。

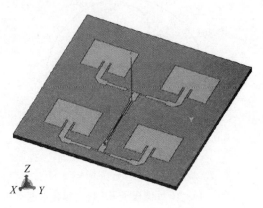

图 11.16　平面 2×2 微带贴片阵列

探针馈电端口的输入阻抗及 $|S_{11}|$ 在图 11.17 中给出,天线在设计带宽内匹配良好,中心频率选择 5.72 GHz。阵列口面上的电流分布如图 11.18 所示,正如当初设计的,所有的贴片单元拥有一致的电流分布。

平面微带贴片天线在 5.72 GHz 的辐射方向图如图 11.19 和 11.20 所示,方向图几乎在上半球面,这一点与前文 11.6.1 的偶极子阵列天线结构相比有很大的改进。另外,该阵列的波束对称性非常好,如图 11.19 所示,天线的峰值增益为 9.87 dB。

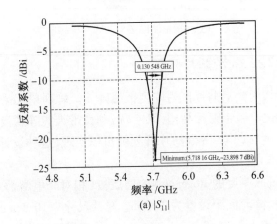

(a) $|S_{11}|$

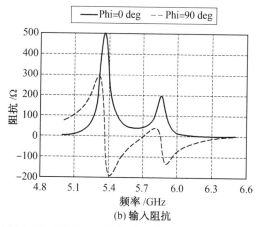

(b) 输入阻抗

图 11.17　平面 2×2 微带贴片阵列工作频带内特性

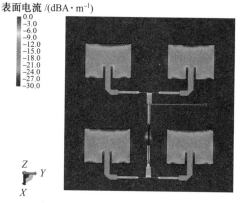

图 11.18　平面 2×2 微带贴片阵列 5.72 GHz 时电流分布

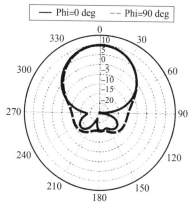

图 11.19　平面 2×2 微带贴片阵列 5.72 GHz 时 2D 辐射方向图

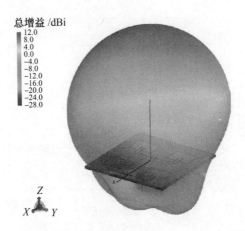

图 11.20 平面 2×2 微带贴片阵列 5.72 GHz 时 3D 辐射方向图

11.6.3 微带贴片反射阵

反射阵列天线效仿传统抛物反射面天线,但拥有剖面低,质量轻和表面平坦的优点。这种相对较新的混合设计结合了印刷相控阵天线和抛物反射面天线[31]的众多优点,并已成为新一代的高增益天线。

这里,考虑一个半径为 14.5λ 的圆口径 Ka 波段反射阵,工作频率为 32 GHz。馈源位置选择 $X_{feed} = -45.9$ mm, $Y_{feed} = 0$ mm, $Z_{feed} = 98.44$ mm,其中坐标系如图 11.21 所示。设计阵元相位,使得产生一个 $(\theta, \varphi) = (25°, 0°)$ 方向的主波束。对于反射阵的移向单元,从文献[31]中的 S 曲线选择可变大小的

(a) 俯视图   (b) 3D 辐射方向

图 11.21 FEKO 建模的反射阵列天线

方形贴片。采用商业电磁软件 FEKO 建立了 609 个单元的反射阵天线模型[9]。采用具有 $\cos^{6.5}\theta$ 辐射方向图的点源馈电模型作为反射阵列激励。与喇叭馈源相比,该馈源避免了后向遮挡。在该设计中,采用 FEKO 软件中的矩量法(MoM)计算 568 435 个未知基本方程。考虑到未知方程的数量众多,仿真中采用 FEKO 中多层快速多极子方法(MLFMM)求解器求解。采用 FEKO 建模的反射阵列天线几何结构和仿真的 3D 辐射方向图在图 11.21 中给出。

这里特别指明,在 8 核 2.66 GHz 的 Intel(R) Xeon(R) E5430 计算机上运行,全波仿真要求 29.56 GB 的内存,CPU 计算时间为 26.97 小时。

习　题

(1)均匀线性环阵列

采用与第 3 节中相同几何设置,研究二元环阵列天线的性能,考虑两种结构:①环平面是平行放置;②环平面正交放置。

(2)道尔夫-切比雪夫线性偶极子阵列

采用第 5 节相同的参数设置,采用道尔夫-切比雪夫幅度分布,设计一个十元线性偶极子阵列,考虑三种副瓣电平:-15 dB,-20 dB 和-25 dB;并比较各种天线阵列的波束宽度和增益情况。

(3)线性微带阵列

采用第 6 节中相同的材料及贴片尺寸,设计一个四元线性贴片阵列,使主波束指向为 $\theta=0°$。比较第 6 节中的平面四元阵列设计与本线性设计,哪个阵列具有更高的增益?

(4)带地板的平面偶极子阵列天线

当天线下方放置无限大地板时,研究第 6 节的平面偶极子阵列性能,同时研究地板位置对阵列天线的影响,在什么位置时天线阵列可以达到最大方向性?

参考文献

[1] http://www. newscotland1398. net/nfld1901/marconi-nfld. html.

[2] A. H. Systems, Inc. , http://www. ahsystems. com.

[3] D-link Corporation, http://www. dlink. com.

[4] ETS-Lindgren, http://www. ets-lindgren. com.

[5] http://en. wikipedia. org/wiki/File:Erdfunkstelle_Raisting_2. jpg.

[6] http://encyclopedia2. thefreedictionary. com/MIMO.

[7] C. A. Balanis, *Antenna Theory: Analysis and Design*, 3rd ed. , John Wiley & Sons Inc. , 2005.

[8] W. L. Stutzman and G. A. Thiele, *Antenna Theory and Design*, 3rd ed. , John Wiley & Sons Inc. , 2012.

[9] FEKO Comprehensive Electromagnetic Solutions, v6. 2, EM Software & Systems Inc. , 2013.

[10] K. S. Nikita, G. S. Stamatakos, N. K. Uzunoglu, and A. Karafotias, "Analysis of the interaction between a layered spherical human head model and a finite-length dipole," in *IEEE Trans. Microwave Theory and Tech.* , vol. 48, no. 11, pp. 2003-2013, 2000.

[11] A. Z. Elsherbeni, J. Colburn, Y. Rahmat-Samii, and C. D. Taylor, Jr. , "On The Interaction of Electromagnetic Fields With a Human Head Model Using Computer Visualization", Oristaglio, M. and Spies, B. , Ed. , *Three-Dimensional Electromagnetics: Society of Exploration Geophysicists (SEG)*, pp. 671-684, 1999.

[12] H. -T. Hsu, J. Rautio, and S. -W. Chang, "Novel planar wideband omni-directional quasi log-periodic antenna", *Proceedings of the Asia Pacific Microwave Conference (APMC)*, Suzhou, China, 2005.

[13] K. F. Lee and K. M. Luk, *Microstrip Patch Antennas*, London, Imperial College Press, 2010.

[14] T. Huynh and K. F. Lee, "Single-layer single-patch wideband microstrip

antenna", in *Electron. Lett.*, vol. 31, no. 16, pp. 1310-1312, 1995.

[15] K. F. Lee, K. M. Luk, K. F. Tong, Y. L. Yung, and T. Huynh, "Experimental study of the rectangular patch with a U-shaped slot", in *IEEE Antennas Propag. Soc. Int. Symp. Dig.*, vol. 1, pp. 10-13, 1996.

[16] K. F. Tong, K. M. Luk, K. F. Lee, and R. Q. Lee, "A broad-band U-slot rectangular patch antenna on a microwave substrate", in *IEEE Trans. Antennas Propag.*, vol. 48, no. 6, pp. 954-960, 2000.

[17] F. Yang, X. Zhang, X. Ye, and Y. Rahmat-Samii, "Wideband E-shaped patch antennas for wireless communications", in *IEEE Trans. Antennas Propag.*, vol. 49, no. 7, pp. 1094-1100, 2001.

[18] D. M. Pozar, *Microwave Engineering*, 3rd ed., John Wiley & Sons Inc., 2005.

[19] J. D. Kraus and R. J. Marhefka, *Antennas for All Applications*, 3rd ed., McGraw-Hill, 2001.

[20] P. D. Potter, "A new horn antenna with suppressed sidelobes and equal beamwidths", JPL Technical Report No. 32-354, 1963.

[21] A. D. Oliver, P. J. B. Clarricoats, A. A. Kish, and L. Shafai, *Microwave Horns and Feeds*, Institution of Electrical Engineers, IEE Electromagnetic Waves Series, 1994.

[22] J. L. Volakis, *Antenna Engineering Handbook*, 4th ed., McGraw-Hill, 2007.

[23] Antenna Magus v4.1, 2013.

[24] Y. Rahmat-Samii, "Reflector antennas", in Y. T. Lo and S. W. Lee (eds). *Antenna Handbook: Theory, Applications, and Design*, Van Nostrand Reinhold, 1988.

[25] T. Li, "A study of spherical reflectors as wide-angle scanning antennas," in *IEEE Trans. Antennas Propag.*, vol. AP-7, no. 3, pp. 223-226, 1959.

[26] R. Spencer and G. Hyde, "Studies of the focal region of a spherical reflector: Geometric optics", in *IEEE Trans. Antennas Propag.*, vol. AP-16, no. 3, pp. 317-324, 1968.

[27] R. S. Elliot, *Antenna Theory and Design*, IEEE Press Series on Electromagnetic Wave Theory, John Wiley & Sons, 2003.

[28] R. C. Hansen, "Wiley series in microwave and optical engineering", in *Phased Array Antennas*, 2nd ed. , Wiley, 2009.

[29] R. J. Mailloux, *Phased Array Antenna Handbook*, 2nd ed. , Artech House, 2005.

[30] R. L. Haupt, *Antenna Arrays: A Computational Approach*, Wiley – IEEE, 2010.

[31] P. Nayeri, A. Z. Elsherbeni, and F. Yang, "Radiation analysis approaches for reflectarray antennas", *IEEE Antennas and Propagation Magazine*, vol. 55, no. 1, pp. 127-134, 2013.

附录 彩图摘录

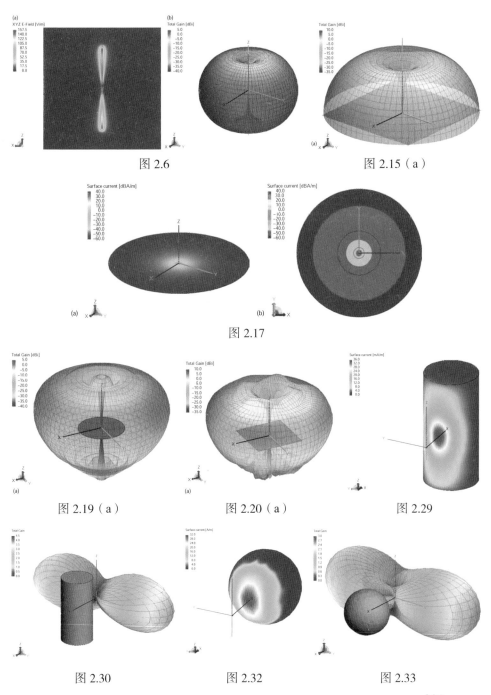

图 2.6

图 2.15（a）

图 2.17

图 2.19（a）

图 2.20（a）

图 2.29

图 2.30

图 2.32

图 2.33

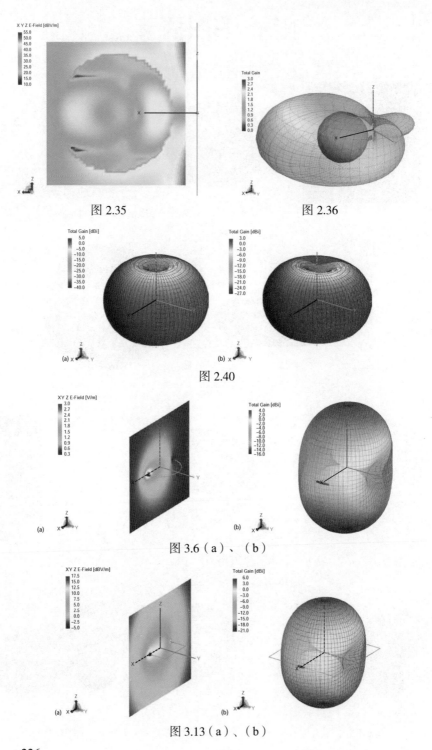

图 2.35

图 2.36

图 2.40

图 3.6（a）、（b）

图 3.13（a）、（b）

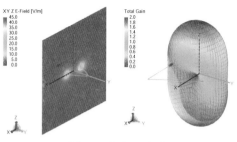

图 3.23（a）、（b）

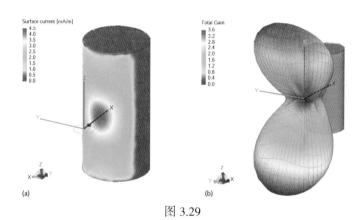

(a)

(b)

图 3.29

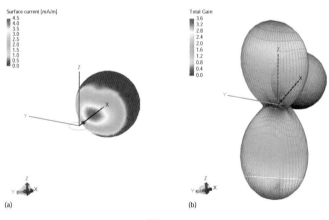

(a)

(b)

图 3.30

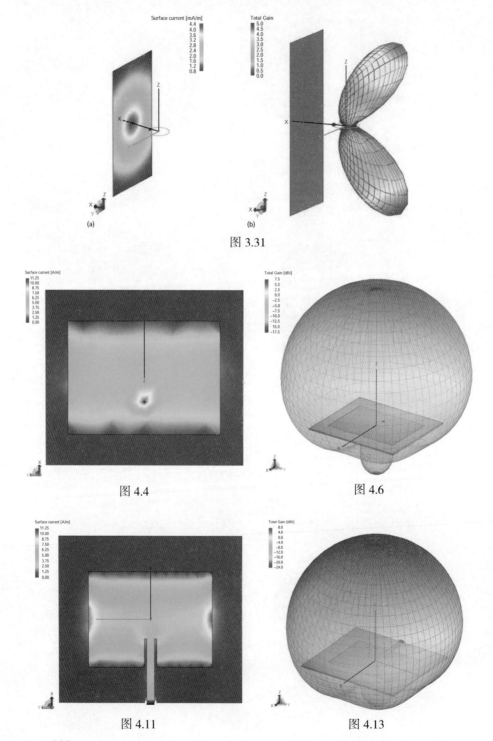

(a)

(b)

图 3.31

图 4.4

图 4.6

图 4.11

图 4.13

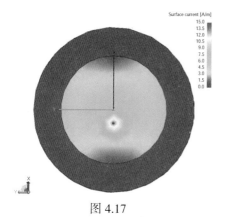

图 4.17

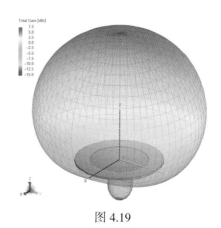

图 4.19

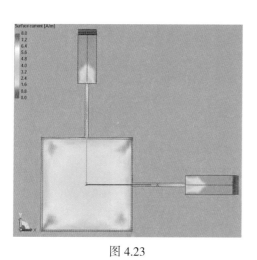

图 4.23

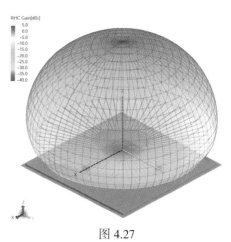

图 4.27

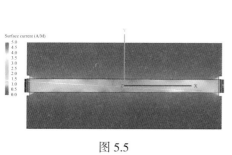

图 5.5

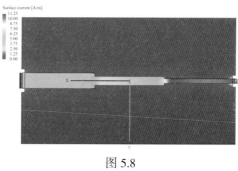

图 5.8

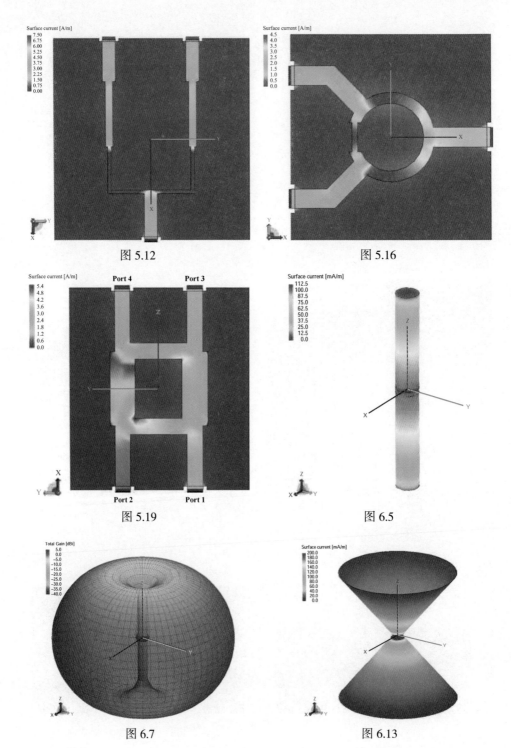

图 5.12

图 5.16

图 5.19

图 6.5

图 6.7

图 6.13

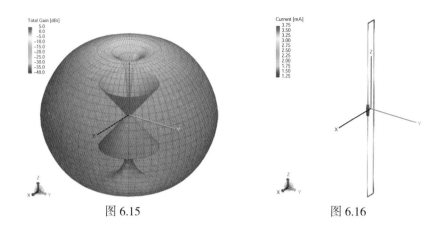

图 6.15

图 6.16

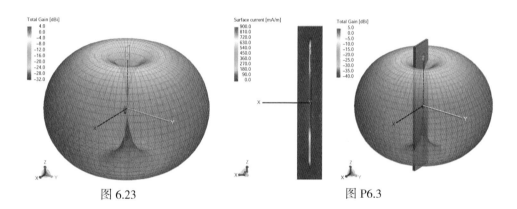

图 6.23

图 P6.3

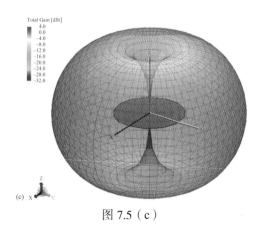

图 7.5（c）

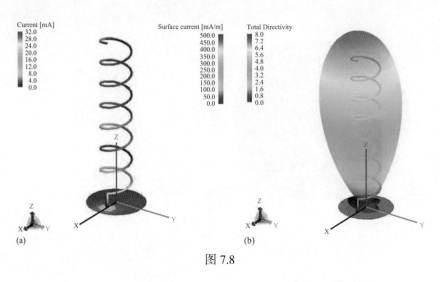

图 7.8

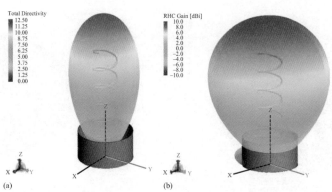

图 7.11

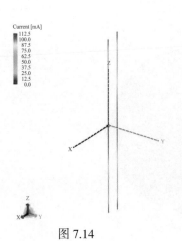

图 7.14

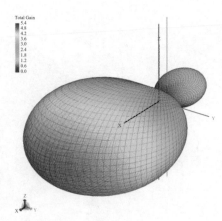

图 7.16

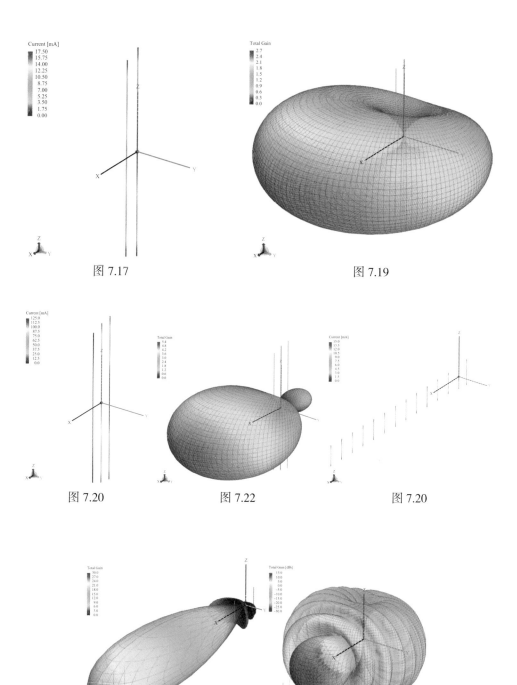

图 7.17

图 7.19

图 7.20

图 7.22

图 7.20

(a)

(b)

图 7.25

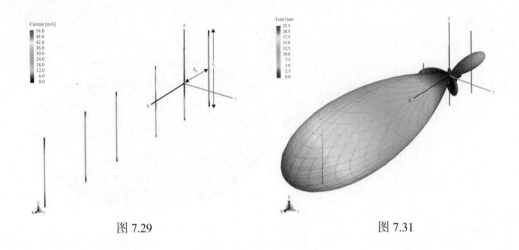

图 7.29

图 7.31

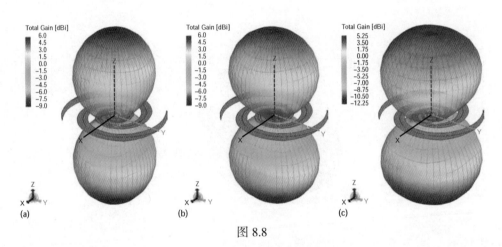

(a)

(b)

(c)

图 8.8

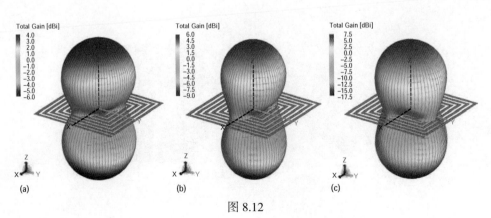

(a)

(b)

(c)

图 8.12

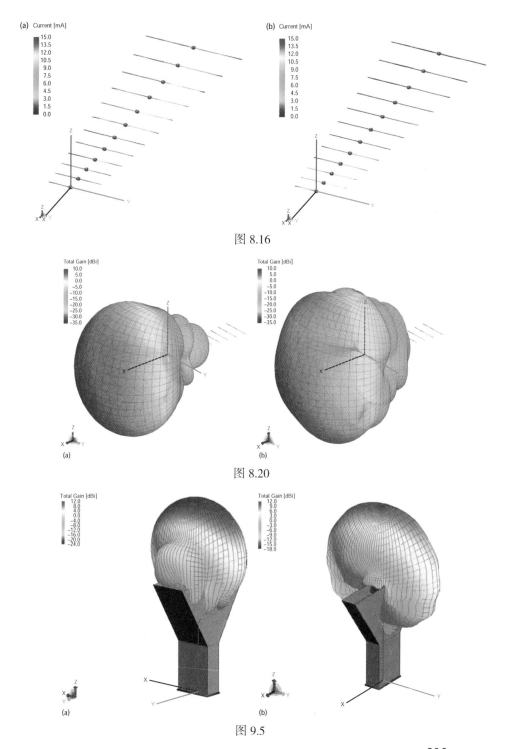

图 8.16

图 8.20

图 9.5

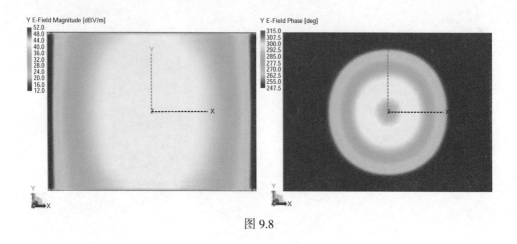

图 9.8

图 9.9（b）　　　　　图 9.13　　　　　图 9.14（b）

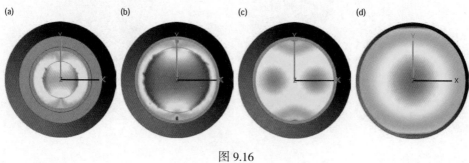

图 9.16

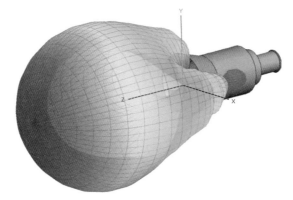

图 9.17

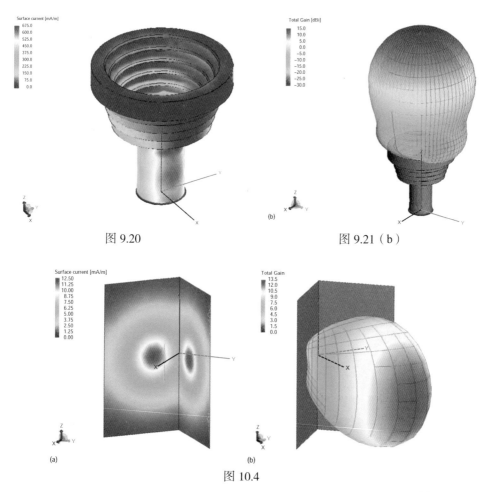

图 9.20

图 9.21 （b）

图 10.4

图 10.15

图 10.20

图 10.22

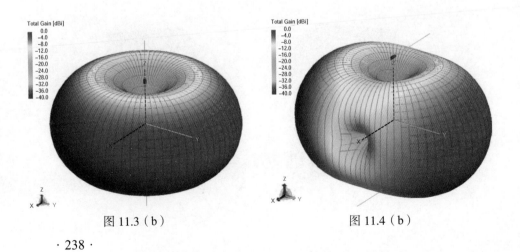

图 11.3（b）

图 11.4（b）

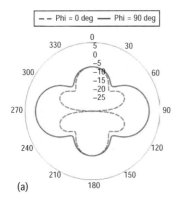
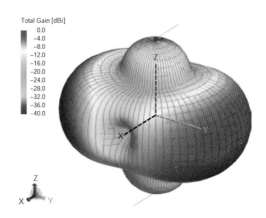

(a)

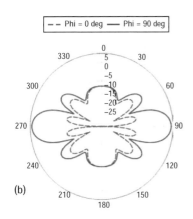
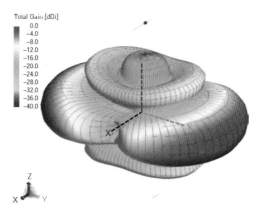

(b)

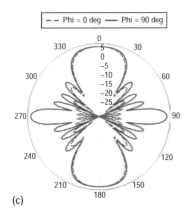
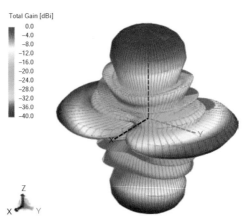

(c)

图 11.7

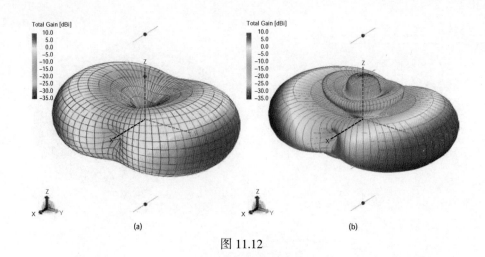

图 11.12

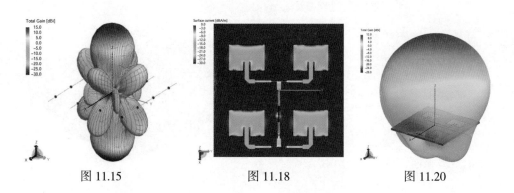

图 11.15　　　　　　　　图 11.18　　　　　　　　图 11.20

图 11.21